AF452442

TOPOGRAPHIE
DES VIGNOBLES
DU GERS ET DE L'ARMAGNAC

Ouvrage utile aux ampélographes, aux vignerons, aux propriétaires, aux négociants et aux voyageurs du commerce.

Typographie Lahure, rue de Fleurus, 9, à Paris.

TOPOGRAPHIE
DES VIGNOBLES

DU GERS ET DE L'ARMAGNAC

(GERS, LANDES ET LOT-ET-GARONNE)

AVEC UNE CARTE ŒNOLOGIQUE

**Et un essai de la Synonymie des Cépages cultivés
dans le département du Gers**

PAR

M. JULES SEILLAN

Membre du Conseil général du Gers
Secrétaire de la Société d'Agriculture et de Viticulture
de l'arrondissement de Mirande
Membre de la Société d'Agriculture du Gers
Membre fondateur de la Société des Agriculteurs de France

TROISIÈME ÉDITION

PARIS

AUX BUREAUX DU JOURNAL DE L'AGRICULTURE

A LA LIBRAIRIE DE GEORGES MASSON

17, PLACE DE L'ÉCOLE DE MÉDECINE, 17

1872

AVANT-PROPOS.

En publiant cette troisième édition, je
dois payer un tribut de reconnaissance à
MM. les membres des Sociétés d'agriculture et de viticulture, à MM. les ampélographes, et à MM. les vignerons, qui ont
fait à mon travail un accueil sympathique.
Les représentants de la presse agricole et
industrielle se sont associés à ces marques
de bienveillance[1]. Ces suffrages honorables
ont encouragé nos efforts. Afin de répondre
à tant de confiance, j'ai revu mon travail,
et j'ai pensé qu'il serait utile d'y ajouter

1. Je ne puis m'empêcher de citer :
Le *Journal de l'Agriculture*; le *Journal d'Agriculture pratique*; le *Moniteur vinicole*; *La Vigne*; le journal *le Crédit et le Commerce*; le journal *la Baïse*; le

mon essai sur la *Synonymie des Cépages* cultivés dans le département du Gers.

Puissent donc ces quelques pages attirer de plus en plus l'attention des vignerons et des consommateurs sur les produits vinicoles du Sud–Ouest, et prouver à mes concitoyens mon attachement profond aux intérêts du pays.

Mirande (Gers), janvier 1872.

Nota. — La deuxième édition, traduite en anglais, en 1860, par les soins de l'Association vinicole de l'Armagnac, a été répandue, par cette même Société, en Angleterre et aux États-Unis, dans le but d'y établir des relations commerciales.

Courrier du Gers; le *Journal de Condom;* la *Revue agricole et horticole du Gers;* le *Journal des Landes;* l'*Écho des Vallées;* l'*Ère impériale de Tarbes;* l'*Agriculteur Agenais;* la *Revue Agricole de Lot-et-Garonne,* etc., etc., etc.... Que leurs rédacteurs reçoivent ici mes remercîments !

TOPOGRAPHIE

DES VIGNOBLES

DU GERS ET DE L'ARMAGNAC

(GERS, LANDES ET LOT-ET-GARONNE)

CHAPITRE PREMIER.

Importance de la vigne.

La vigne est l'une des principales richesses de la France. Les produits du Bordelais, de la Bourgogne, de la Champagne, des côtes du Rhône, de l'Ermitage, de Saint-Georges, les vins muscats du Midi, Rivesaltes, Lunel, Frontignan, les cognacs et les armagnacs, jouissent, dans le monde entier, d'une réputation méritée. Presque toutes les nations sont nos tributaires et viennent sur nos marchés nous demander nos produits. L'étendue superficielle de nos vignes dépasse aujourd'hui deux millions d'hectares. Cultivée dans soixante-quinze départements, la vigne fait vivre une population de huit millions de travailleurs[1], et fournit annuellement, au pays, une somme de 550 millions[2]. Après les céréales, c'est la plus grande richesse tirée de notre sol, et celle qui fait l'objet le plus considérable de notre exportation.

Le contingent des départements, qui forment la région du Sud-Ouest, est de 600 mille hectares consacrés à la culture de la vigne. Le département du Gers y est compris pour un sixième, soit 100 mille

1. Docteur Jules Guyot.
2. *Statistique de Schnitzler*, 1846.

hectares, dont 75 mille sont situés à l'ouest de la Baïse, et 25 mille à l'est de cette rivière. Le produit total de ce département, destiné à l'exportation soit en nature, soit en alcool, *déduction faite de la consommation*, est de 975 mille hectolitres de vin, représentant, en moyenne, une valeur de 12 à 13 millions.

Ces chiffres irrécusables nous ont frappé, comme ils ont dû nécessairement attirer l'attention de tous ceux qui ont à cœur les intérêts de leur pays; de là notre pensée d'activer de plus en plus la faveur du commerce pour un pays de grande et d'excellente production. Des débouchés importants sont ouverts depuis que les voies ferrées sont devenues l'apanage de nos départements du Sud-Ouest, et, pour compléter ces avantages, nous espérons aussi que la loi du 31 mai 1846, relative à la canalisation de la Baïse et du Gers, sera mise à exécution. Les canaux ne doivent-ils pas concourir avec les chemins de fer à la prospérité du pays ?

Les vins du Gers et les eaux-de-vie d'Armagnac, désormais mieux connus et mieux appréciés, seront l'objet d'une faveur croissante sur les grands marchés voisins.

Puissions-nous avoir contribué à amener cet heureux résultat.

CHAPITRE II.

Classifications œnologiques.

Les pays vinicoles dont les produits jouissent d'une réputation incontestable de supériorité ont reçu, soit du commerce, soit des œnologues, des classements divers, basés sur la position géographique, ou sur la nature du sol, qui influe si puissamment sur la qualité des fruits de la terre. Au point de vue commercial, ces classifications ont été d'une très-heureuse influence. Elles ont mis en relief des produits souvent inconnus ou mal appréciés ; elles ont excité l'émulation des producteurs, et, par suite, les vins ont été mieux soignés.

Le Bordelais, on le sait, est divisé en diverses régions :

Les vins rouges de Médoc;
—　　　 de Graves;
—　　　 de Côte (St-Émilion);
—　　　 de Palus;
Les vins blancs de Sauterne;
—　　　 de Graves;
—　　　 des Côtes;
Et les vins blancs doux.

Chacun de ces genres contient des variétés nombreuses ou crus.

Il en est ainsi dans tous les pays de vignobles renommés.

L'Armagnac a, lui aussi, ses classifications. Au moment où ses eaux-de-vie prennent chaque jour une place plus im-

portante sur tous les marchés (nous dirons
pour quelles raisons), nous croyons utile,
pour le pays lui-même, de dire ce qu'est
l'Armagnac, et quel est le mérite de ses
produits.

CHAPITRE III.

Le Gers et l'Armagnac.

Et d'abord, qu'est-ce que l'Armagnac[1]? Quelles sont ses limites? Il ne sera pas sans intérêt de se livrer à quelques recherches.

Ouvrons la *Cosmographie universelle,*

1. Ce nom de langue romane, avant de devenir ce qu'il est, a été : Armeniac, Armaniac, Armanach, Arminhac, Armignac, Armaignac, Armagnacq, — soit qu'il s'appliquât au pays qui nous occupe, soit à la maison historique de Gascogne qui a porté ce nom pendant plusieurs siècles (J. Noulens, 1866, *Revue d'Aquitaine*).

publiée à Paris, en 1545, par François de Belleforest, commingeois, nous lisons au mot pays d'Armagnac :

« Franchement je vous confesseray ne savoir d'où il a pris ce nom, qui est moderne, veu que ny du temps des Romains ny des premiers François on ne trouve livre qui l'appelle ainsi. »

Dans le *Dictionnaire universel* de la France, Paris, 1726 :

« Province de la Gascogne avec le titre de comté, autrefois occupé par les Elusates et les Ausci.... On divise l'Armagnac en Haut et Bas. Le haut comprend la partie située vers les Pyrénées; le bas, qui tire plus vers la Garonne, au septentrion du premier, comprend le pays d'Astarac, de Lusan, de Fezensac et de Brullois [1]. »

____

[1]. Brullois, même dictionnaire, pays et vicomté de

Cette définition est admise aussi par l'abbé Expilly dans son *Dictionnaire géographique* (année 1726, t. I, p. 261) :

« L'Armagnac, » dit-il, « est divisé en Haut et Bas Armagnac : le haut se nomme le Blanc; le bas s'appelle le Noir ou Nègre. »

Ce pays est très-boisé, c'est ce qui explique ce nom d'Armagnac noir.

Le *Dictionnaire géographique universel* par une Société de géographes, contient ce qui suit au sujet de cette contrée :

« Armagnac, ancienne province de France, qui fesait partie de la province de Gascogne ; actuellement elle forme le département du Gers. »

Ce pays est compris entre les 43° 18′ 39″ et 40° 4′ 50″ de latitude septentrionale, et

la Gascogne, situé le long de la Garonne, près Condon et Lectoure.

les 1° 8′ 2″ et 2° 37′ 12″ de longitude à l'ouest du méridien de l'Observatoire de Paris.

Enfin Malte—Brun contient ce qui suit .

« Le département du Gers produit des vins médiocres que l'on convertit cependant en eaux-de-vie regardées comme les meilleures de France après celles de Cognac. Elles portent encore le nom de la province d'Armagnac, dont la plus grande partie constitue le territoire de la préfecture du Gers. »

De tous ces ouvrages cités, il résulte que ces diverses délimitations paraissent modifiées aujourd'hui, et que l'on a admis dans l'Armagnac, divisé en *haut* et *bas*, une zone intermédiaire, LA TÉNARÈZE, dont les anciens géographes ne parlent pas.

Le commerce local, c'est-à-dire celui des places de Condom, de Vic-Fezensac,

d'Eauze, de Castelnau-d'Auzan, de Nogaro,
de Gabarret, d'Estang, de Mont-de-Marsan
et de Pont-de-Bordes, admet, sous la dénomination générale de l'Armagnac, toute
la partie occidentale du département du
Gers jusqu'à la rivière de ce nom (d'après
quelques négociants jusqu'à la Baïse seulement); la partie du département des
Landes, limitrophe du Gers, à l'ouest et au
nord, et quelques communes de Lot–et–
Garonne (Sos, Mézin). (*Voir notre carte
œnologique.*)

CHAPITRE IV.

Zones commerciales de l'Armagnac. — Marchés.

Ces limites posées, voici quelles sont les classifications admises par le commerce, et reçues, aujourd'hui, par les journaux industriels et agricoles.

L'Armagnac se divise en trois zones :

1° Le Bas–Armagnac ;

2° La Ténarèze ;

3° Le Haut–Armagnac.

I. Le Bas-Armagnac.

Le Bas–Armagnac produit les premiers

crus ; il comprend, dans le Gers, les cantons de Cazaubon et de Nogaro.

Citons les communes de Houga, Castex, Estang, Monguilhem et Cazaubon.

Et, *dans les Landes*, la partie sud-est du canton de Gabarret, entre autres communes Gabarret, Créon, Lagrange et Parlebocqs, — et Labastide d'Armagnac dans le canton de Roquefort.

La limite du Bas-Armagnac est, à l'est, la chaîne de coteaux qui sépare le bassin de l'Adour de celui de la Garonne.

Le Bas-Armagnac comprend quatre grands crus bien distincts et très-remarquables :

1° Les eaux-de-vie du Houga, de Castex, d'Estang et de Monguilhem ;

2° Les eaux-de-vie des Sâbles (communes du Bas-Armagnac des Landes), Labastide, Créon, Lagrange, Betbezer, etc.

3º Les eaux-de-vie de Cazaubon ;

4º Et les eaux-de-vie de Parleboscq.

II. Ténarèze.

La Ténarèze [1], deuxième cru, comprend le canton d'Eauze, la partie ouest du canton de Montréal et une partie du départe-

1. La Ténarèze (*iter Cæsaris*) était une route stratégique des Romains. Elle porte encore dans le Gers le nom de chemin de César. Elle donne son nom à la partie de l'Armagnac qu'elle traverse. Tracée sur le faîte des coteaux elle part de St-Bertrand de Comminges (Convenæ Lugdunum), se dirige vers le plateau de Lannemezan, où l'on trouve encore des traces de gros pavés romains, passe à Miélan, se dirige vers Bassoues, Dému, Eauze (l'antique Élusa) et Gabarret. Cette chaîne de coteaux détermine la chute d'une foule de petites rivières vers le bassin de l'Adour, entre autres la Douze et le Midou, qui arrosent le Bas-Armagnac. C'est en un mot la ligne de partage des eaux du bassin de l'Adour et du bassin de la Garonne sur une longueur de 180 kilomètres environ, des Pyrénées vers Bazas. Cette route conduisait à Bordeaux sans jamais traverser de rivières, reliant ainsi plusieurs métropoles (Convenæ Lugdunum, Élusa, Sos, Vazates, Burdigala).

ment de Lot-et-Garonne, depuis Sos jusqu'à l'embouchure de la Gélise.

Dans cette zone, on cite les crus de Labarrère, de Castelnau-d'Auzan et d'Eauze.

La petite rivière l'Auzoue, qui traverse la vallée de Lannepax à Montréal, est la limite de la Ténarèze du côté de l'est.

III. Le Haut-Armagnac.

Le Haut-Armagnac comprend la partie est du canton de Montréal, les cantons de Condom, de Valence, de Vic-Fezensac, de Jegun, une partie du canton de Montesquiou jusqu'au sud et sud-est de Bassoues-d'Armagnac, et la partie du nord et de l'est du canton d'Aignan[1].

1. Le projet d'acte de Société des propriétaires vinicoles de l'Armagnac, rédigé par M. L. Duran, négo-

D'autres parties du Gers produisent aussi d'excellentes eaux-de-vie. Ce sont les cantons de Riscle, d'Aignan, de Plaisance, de Marciac, de Mirande, de Miélan, de Montesquiou, de Masseube, d'Auch, de Fleurance et de Lectoure. Mais dans ces contrées les vins blancs sont livrés à la consommation en nature, et ne sont distillés, en général, que dans les années de grande abondance.

Dans les cantons que nous venons de citer et dans ceux de Condom et de Vic-Fezensac, les vins rouges ont acquis depuis longtemps une grande renommée.

ciant à Condom, en juillet 1850, auquel nous emprunons ces délimitations, n'admet, dans le Haut-Armagnac, que le territoire compris entre l'Auzoue et la Baïse. Cette division comprend les qualités supérieures de cette région. En étendant ces limites nous sommes dans la vérité.

Le Bas-Armagnac et la Ténarèze produisent peu de vins rouges.

Marchés. — Le producteur traite de la vente directement avec le négociant, presque toujours sur la présentation d'échantillons. Les eaux-de-vie d'Armagnac sont logées dans des pièces contenant 400 à 440 litres chacune ; il serait à désirer qu'elles fussent conservées dans des *fûts vidanges*, seul moyen d'éviter le goût de tannin qui peut les déprécier quelquefois.

CHAPITRE V.

Les vins du Gers et les Cépages. — Règles de la vinification.

Le Gers produit :

1° Des vins d'ordinaire ;

2° Des vins de coupage ;

3° Et des vins blancs de chaudière.

I. Vins d'ordinaire.

Les vins rouges du Gers sont classés parmi les bons vins d'ordinaire ; mais ceux qui sont soignés d'après les procédés bordelais fournissent des vins délicats. Citons ceux de Mazères, canton d'Auch—sud ; ceux de Leberon, près Condom ; et ceux de Marignan, près Mirande, provenant des cépages bordelais.

Les cantons de Mirande, de Vic—Fezen sac, d'Auch, de Fleurance, de Gimont, de Lectoure et de Condom, fournissent généralement d'excellents vins d'ordinaire (vallées de l'Osse, de la Baïse, du Gers et de la Gimone).

Les cépages dominant dans le Gers sont :

1° Dans les cépages rouges :

Le grand vesparo,

Le petit vesparo cot rouge,

Le queuefort ou bouchalès,

Le tannat ou grand mansaint,

Le petit mansaint,

La malvoisie noire,

La grenache ou mérille,

Le négret,

Le pienc,

Le grand piquepout rouge,

Le petit piquepout rouge,

Le marocain,

Le teinturier,

La chalosse noire,

Le muscat noir.

2° *Dans les cépages gris ou roses :*

Le pinot gris,

Le mauzac rose,

Le grèce rose,

Le plant rose de Céran,

L'alicante gris.

3° *Dans les cépages blancs :*

Le grand mauzac,

Le petit mauzac,

La blanquette,

La petite blanquette,

Le picpoule,

Le clairet,

Le jurançon,

L'attrape-gourmand,

L'œil de tour,

La malvoisie,

Le grèce blanc,

Le verdet,

Et le Sauvignon.

Ces noms varient, du reste, de commune à commune. Notre travail sur la synonymie des cépages cultivés dans le département du Gers en fournira la preuve au lecteur.

II. Vins de coupage.

Les vins rouges recherchés pour les coupages, à cause de leur couleur très-foncée, sont ceux de Miélan, de Pallanne, de Marciac, de Beaumarchés, de Thermes, d'Aignan, de Plaisance et de Riscle.

Citons en particulier les vins de Canet et de Gouts, rivaux des vins de Madiran.

Ces contrées ont été dévastées par l'oïdium depuis 1853 ; mais le soufrage y a été pratiqué avec succès sur une vaste échelle. Les cépages dominants, dans les vignobles des belles vallées de l'Adour, de l'Arros et du Bouès, sont le *mansain-tannat* et le *quillot*. Tendus en hautin et plantés de 2 mèt. 80 à 3 mèt. en carré, et, à 1 mèt. 70 de haut, ils sont reliés entre eux, ou bien ils sont tendus en vignes basses à 1 mèt. de hauteur.

III. Vins de chaudière.

Les vins blancs livrés à la distillation sont produits par le cépage appelé Picpout ou folle-blanche, et cultivé dans l'Armagnac (la topographie de ce vignoble se trouve, avec détail, au chapitre IV ci-dessus).

CHAPITRE VI.

De la Vinification. — Ses règles.

Après avoir fait connaître les divers cépages du Gers, il importe de parler des règles de la vinification ; ce sujet, si intéressant et si compliqué à la fois, n'aurait pas dû, ce semble, rentrer dans le cadre restreint de cette monographie. Nous aurions pu nous contenter de renvoyer le lecteur aux excellents traités que nous possédons déjà sur la matière.

Cependant il est utile de donner, sous forme de règle, les meilleurs procédés de

vinification des vignobles les plus renom—
més de la France.

Nos compatriotes s'appliquent à améliorer leurs produits, et les vins du Gers sont
tous les jours l'objet de soins de plus en
plus intelligents. Ainsi le cuvage, autrefois
trop prolongé, est réduit à 8 ou 10 jours.
On a adopté, généralement, les bonnes
méthodes usitées dans le Bordelais. Si
M. Julien écrivait aujourd'hui son grand
ouvrage sur la topographie des vignobles,
il modifierait son jugement trop sévère
sur les vins du Gers. Notre pays est en voie
de progrès. Nous avons soutenu cette
opinion dans notre polémique avec
M. Boutan, professeur de chimie à Paris [1].

1. *Revue Agricole du Gers*, décembre 1859, janvier
et février 1860. Les faits nous ont donné raison.

RÈGLES DE LA VINIFICATION.

Il n'existe pas de règle absolue de la vinification.

Nous rencontrerons les meilleures et les plus rationnelles dans les grands vignobles de la Côte-d'Or, du Beaujolais, du Mâconnais et surtout dans la Gironde, le premier département viticole de la France pour la bonne confection de ses vins et pour leur qualité supérieure et hygiénique.

I. Vendanges.

La vendange devra être faite avec soin. On enlèvera des grappes les grains verts, gâtés et desséchés.

On vendangera tardivement.

A la maturité du raisin on attendra le plus longtemps possible jusqu'à l'époque

où la peau du grain sera racornie et plis-
sée.

On ne pourra pas attendre ainsi pour la
folle-blanche ou piquepout à cause de l'al-
tération que les pluies peuvent faire éprou-
ver à ce cépage, surtout dans les terrains
fertiles et fumés.

II. Triage.

Le triage des raisins se fait en plusieurs
fois dans les vignobles où la maturité
n'arrive pas simultanément pour les diverses espèces de cépages fins produisant nos
meilleurs vins.

III. Égrappage.

On égrappe, c'est-à-dire on sépare les
grains de la rafle à l'aide de certains instruments ; le plus répandu est l'égrappoir
à grillage horizontal.

Dans la Côte-d'Or, quelques vignerons égrappent encore. La majorité n'égrappe plus.

Dans le Médoc et les Graves, cette excellente méthode est encore usitée ; elle ne l'est pas à Saint-Émilion.

Les grains dépouillés de la rafle produisent des vins plus moelleux, disent les uns. D'autres prétendent que la rafle contribue à donner aux vins le tannin nécessaire à leur conservation.

IV. Foulage et cuvaison.

On foule avant de jeter dans les cuves. On ne laisse pas fermenter plus de huit jours. Quatre ou cinq jours au plus pour les vins fins du Médoc.

Dans les palus la fermentation varie de 8 à 15 jours.

On peut ériger en règle générale : que

la cuvaison ne doit durer que juste le temps de la fermentation tumultueuse ou bruyante, de 4 à 8 jours, 4 jours dans les années chaudes et 8 jours dans les années froides.

Les vins les meilleurs sont ceux qu'on laisse cuver le moins.

La cuve *doit être remplie en un jour* afin qu'il n'y ait point d'interruption dans l'opération de la fermentation qui est facilitée par une température assez élevée, 20 degrés au minimum.

Elle sera remplie aux cinq sixièmes au moins.

V. Soutirage.

Dès que le marc descend, on se hâte de tirer la cuve.

Les vins doivent être tirés *troubles* et *chauds*.

Ils doivent achever leur fermentation dans des fûts en bois de Bosnie de préférence à tous autres.

VI. De la cave.

Les meilleures instructions sur ce sujet sont celles de M. Chaptal[1].

« 1° L'exposition d'une cave doit être
« au nord ; sa température est alors moins
« variable que lorsque les ouvertures sont
« tournées vers le Midi.

« 2° Elle doit être assez profonde et assez
« ventilée pour que la température soit
« toujours la même.

« 3° L'humidité doit y être constante
« sans y être trop forte. L'excès détermine
« la moisissure des paniers, bouchons,
« tonneaux, etc.... La sécheresse dessèche

1. Art de faire les vins. p. 234.

« les futailles, les tourmente et fait trans-

« suder les vins.

« 4° La lumière doit être très-modérée ;

« une lumière vive dessèche, une obscurité

« presque absolue pourrit.

« 5° La cave doit être à l'abri des se-

« cousses : les brusques agitations, ou ces

« légers trémoussements déterminés par

« le passage rapide d'une voiture sur le

« pavé remuent la lie, la mêlent avec le

« vin, l'y retiennent en suspension et pro-

« voquent l'acétification. Le tonnerre et

« tous les mouvements produits par des

« secousses déterminent le même effet. . .

. . . .

. . . .

« 8° D'après cela une cave doit être

« creusée à quelques toises sous terre ; ses

« ouvertures doivent être dirigées vers le

« nord ; elle sera éloignée des rues, che-

« mins, ateliers, égouts courants, latrines,
« bûchers, etc. Elle sera recouverte par
« une voûte. »

VII. Conduite des vins.

OUILLAGE, SOUTIRAGE, COLLAGE
ET CLARIFICATION.

L'*ouillage* des fûts doit être fait tous les huit jours. Le vase doit être tenu plein, afin d'empêcher le liquide de tourner à l'acide.

Soutirage. Pendant la première année on doit soutirer sur première lie (vers Noël) ; la seconde fois pendant les équinoxes de mars ; la troisième à la floraison de la vigne (deuxième quinzaine de mai), et la quatrième avant les équinoxes de septembre.

Pendant les deuxième et troisième an—

nées on doit encore soutirer deux fois, en mars et en septembre, avant les équinoxes.

Ces opérations doivent être faites par un temps clair et calme, jamais dans une journée pendant laquelle le vent d'est soufflerait avec violence.

Collage. Le collage s'opère à raison de huit blancs d'œufs par bordelaise. Le résultat de cette opération produit la *clarification* qui doit être suivie de la mise en bouteille, *l'ermitage des vins*.

Tels sont les préceptes généralement adoptés dans les vignobles les plus renommés de la France.

Nous avons pensé qu'il serait utile de les résumer et de les présenter sous une forme claire et méthodique.

CHAPITRE VII.

Débouchés des vins du Gers.

Les débouchés des vins rouges du Gers sont, de temps immémorial, les Hautes-Pyrénées, les Basses-Pyrénées, les Landes et la Gironde depuis que la Baïse a été canalisée de Condom à son embouchure. Les vins de l'arrondissement de Lombez sont exportés vers la Haute-Garonne.

Les chemins de fer ont modifié soit l'importance du commerce des vins, soit les divers débouchés de ces produits. On peut s'en convaincre en étudiant le mouvement commercial dans les gares de Fleurance, de Lectoure, d'Auch, de Mirande, de Laas, de Miélan et de Villecomtal. Une partie de ces vins prend la route du grand marché de Paris et du Nord; une autre partie est dirigée vers Bordeaux. Les vins blancs piquepout des bonnes années paraissent recherchés du commerce de cette dernière ville pour être employés en mélanges avantageux.

Il est à remarquer que plusieurs propriétaires expédient des vins de leurs récoltes à des habitants de Paris qui s'approvisionnent à des prix modérés et qui obtiennent des vins d'ordinaire purs et hygiéniques.

CHAPITRE VIII.

Importance de la vigne dans le Gers. — Principes généraux et pratiques de la taille de la vigne dans le Gers[1].

Le Gers est, après les départements de l'Hérault, de la Charente-Inférieure et de la Gironde, celui qui possède le plus grand nombre d'hectares de vigne[2]. Ce départe-

1. Cet article, inséré dans la *Revue Agricole du Gers* février 1863, a été reproduit par une foule de publications agricoles, entre autres par la *Revue viticole*, dirigée par M. Ladrey, professeur des sciences à la faculté de Dijon, avril 1863, pages 150 à 155.

2. Hérault, 117 947 hectares; Charente-Inférieure, 105 570 hect.; Gironde 103 513 hect.; Gers, 95 951 hectares. *Statistique* de M. Royer, Paris 1843. Depuis

ment compte donc parmi ceux qui offrent le plus de ressources vinicoles. La superficie du Gers est de 638 000 hectares.

Le cépage dominant des vignobles d'Armagnac est le *piquepout* ou *piquepoule*, appelé *plant de dame* dans la partie sud du Gers, *folle blanche* dans la Charente et *enratjat* dans la Gironde ; il produit des vins blancs de médiocre qualité. Le piquepout se taille sur un pied ayant deux ou trois bras, surmontés chacun d'un courson à deux et trois boutons[1].

Importance de la taille de la vigne.— La taille de la vigne est, sans contredit, l'opération principale et le fondement de

cette époque on a planté un grand nombre d'hectares de vignes dans le Gers.

1. *V.* le *Cultivateur du Bas-Armagnac*, M. A. Lacome. Auch. Foix 1855.

sa culture. Il paraît donc utile, dans l'intérêt des vignerons du pays, d'indiquer quels sont les principes généraux qui peuvent s'appliquer à cette pratique d'une si haute importance[1].

1° *Elle varie suivant les cépages et suivant les terrains.*— Le mode de taille doit varier dans chaque terrain selon sa fécondité, selon qu'il est plus humide ou plus sec, plus bas ou plus élevé; il doit être modifié selon qu'il s'applique à telle ou telle espèce de cépage : taille longue ou taille à longs bois ou courréjade.

2° *On peut néanmoins tracer quelques règles générales.* — Il existe certaines règles générales dont on ne peut se dépar-

1. M. D'Armailhacq dit, avec raison, que c'est le point que les écrivains œnologues ont le moins approfondi, et qui est le plus livré aux idées individuelles et aux usages. (P. 114, 3e édit.)

tir ; et voici celles qui paraissent s'adapter aux vignes basses de nos contrées.

3° *De la forme du pied de vigne et bras.* — Ainsi, étant données des vignes d'un certain nombre d'années (20, 30 ou 40 ans), plantées de cépages du pays, que je regarde comme trop nombreux, le vigneron devra tailler de manière à donner au cep de vigne une bonne direction. Autant que possible, le pied sera droit et aura deux bras au plus. Il évitera de le laisser monter à plus de 50 ou 60 centimètres au-dessus du sol.

4° *Choix des œuvres, côt, coursons et courréjade.* — Le choix des œuvres, ou côts, coursons, branches à bois, et le choix de la courréjade ou branche à fruit, devront être faits avec un soin tout particulier.

Ce choix sera déterminé d'après la po—

sition qu'ils occupent sur le cep. Ainsi les côts devront s'établir avec sarments de l'année, bien soudés sur bois de l'année précédente.

Choix des coursons. — Le plus rapproché de la soudure du bois de l'année précédente, ou mieux le deuxième sarment sera toujours préféré. En général, le deuxième est plus fructifère.

5° *Choix des coursons et nombre de boutons.* — S'il y a deux sarments sortant du même œil, on laissera le plus solide, après l'avoir légèrement sondé avec le doigt. Celui de dessous est généralement le plus solidement établi.

Le courson aura deux ou trois boutons, selon la fertilité du sol.

6° *Place de la courréjade.* — La place de la courréjade doit être au-dessus du côt, à l'extrémité d'un bras. Elle sera placée alternativement sur un bras, et puis sur l'autre, si c'est possible, afin de ménager une bonne répartition de séve, et pour éviter l'épuisement du cep. La courréjade doit être coupée à la taille.

Jamais de courréjade dans le cep. — La courréjade ne sera jamais placée dans le pied; elle y est moins productive qu'au sommet d'un bras.

Longueur de la courréjade. — La courréjade sera laissée aux espèces qui en exigent, et sur les pieds de souche assez vigoureux pour la supporter. Elle aura de 10 à 12 bourgeons.

On ne doit laisser qu'une seule courréjade aux vignes basses; elle sera placée en cerceau, inclinée vers la terre ou tendue le long d'un piquet ou avec des fils de fer galvanisés, ou enfin d'une vigne à l'autre, suivant les usages du pays. M. Guyot con-

seille de la tenir horizontale; M. Hooi-
brenck, avec une inclinaison de 45 degrés.

Dans les hautins, les ceps ont, en général, quatre courroies.

7° *Moyens de rajeunir la vigne.* —
Boutons de précaution. — Pour renouve-
ler un bras desséché ou peu vigoureux. il
faut le scier. On dit avec raison : *raccour-
cir la vigne, c'est la rajeunir.* A cet effet,
le bon vigneron saura laisser dans le pied
un bouton de précaution, venant d'un
sarment de l'année qui, pour la deuxième
année, se sera solidement soudé et pourra
supporter une œuvre, côt, ou courson.
Cette œuvre pourra, selon le besoin, devenir un bras de remplacement. Il faut donc
que le vigneron taille, non pas seulement
pour l'année présente, mais aussi pour
celle à venir.

8° *Du coup de ciseau.* — Le coup de

ciseau ou pic, doit être donné avec netteté, précision, sans mâchure.

Précautions à prendre. — Pour éviter la mâchure, il faut que le tranchant du sécateur soit placé du côté du bouton terminal du côt. A cette condition, il n'y a pas de blessure possible, alors même que le sécateur ne serait pas très-bien aiguisé. Il faut soigner le coup de ciseau dans toutes les parties de la vigne, afin qu'il n'y ait pas de bois mort inutile, et que les œuvres puissent *se souder, raser le bois,* c'est-à-dire recouvrir le bois vieux par la séve de l'année à venir. Le pic terminal des coursons sera donné à deux centimètres au moins des boutons, en rond ou en biseau.

9° *Des instruments divers nécessaires au vigneron.* — Les instruments nécessaires aux vignerons sont :

1° Le sécateur;

2° La scie ;

3° La serpe ou herrette.

Le sécateur fera les œuvres et coupera tous les sarments inutiles sur le cep ; la scie enlèvera les bois morts, et la serpette servira à extraire du pied des repousses, quelquefois nombreuses, que sa pointe recourbée ira chercher en terre.

Le sécateur sera préféré à la serpette, parce que le sécateur ne blesse pas et n'ébranle pas la vigne.

Inconvénient de la serpe. — La serpe offre des dangers sérieux pour l'homme ; il peut se blesser grièvement quand il fait un mouvement de bas en haut. En outre, la serpe ébranle la vigne, surtout quand il y a de l'humidité dans le sol, et quand un ravalement est nécessaire, quand il faut couper du bois mort. La serpe est encore, à peu de chose près, celle dont se servaient les vignerons romains, et qui se trouve décrite par Columelle, liv. IV, chap. xxv.

Causes de préférence pour le sécateur. — On doit éviter de se servir du dos de la serpe ou du talon pour nettoyer le pied de la vigne; on lui fait des blessures et des déchirures très-nuisibles et trop fréquentes dans l'usage du pays.

Enfin le sécateur doit être préféré, surtout parce que l'opération de la taille est conduite avec plus de célérité qu'avec la serpe.

10° *Nettoyage des souches.—Mousses, lichens, peaux anciennes.* — La souche doit être nettoyée des mousses, lichens, peaux anciennes qui la recouvrent, et dont la présence favorise le développement des larves qui s'y trouvent.

11° *Époque de la taille. Après les grands froids de l'hiver.* — D'après les vignerons du Médoc, on peut tailler à la chute des feuilles. En Bourgogne, on taille très-tard. M. Guyot blâme la taille hâtive. Il semble qu'il est prudent de considérer si les vignes se trouvent dans les plaines ou dans des bas-fonds, et si, par conséquent, elles sont exposées à la gelée. Dans ce cas, les conseils de M. Guyot devraient être pris en considération. Il faut au moins laisser passer les plus grands froids de l'hiver. Sous notre climat, *fin-janvier*, février, mars, et jusqu'au 10 avril; telle est l'époque la plus convenable.

CHAPITRE IX.

Influence du sol sur le mérite du produit.

On se demande souvent quelle est la cause des différences entre les divers crus d'eau-de-vie.

Évidemment, la nature du sol influe sur la qualité des produits. Dans le bas Armagnac, le sol est presque partout sablonneux, surtout dans la partie avoisinant les landes; le sous-sol est marneux et calcaire. Dans le Ténarèze, la couche arable est argileuse dans les coteaux, et silico-argileuse dans les plaines, avec sous sol marneux. Dans le haut Armagnac, le sol, d'une qualité supérieure à celui des autres régions, est presque partout calcaire. Exceptons-en pourtant les rives gauches des cours d'eau, dont le sol est partout silico-argileux, vulgairement appelé boul-bènes. La couche supérieure du terrain d'Armagnac appartient aux terrains les plus récents, les terrains diluviens. Au-dessous des couches d'argile et de marne, on rencontre des gisements appartenant à l'époque Lacustre, avec débris fossiles au milieu de sables fins de nature calcaire, et dont les vignerons intelligents se servent avec succès pour amender leurs terres.

Le sol a établi lui-même, on peut le dire, ces classifications admises par le commerce; le sol, en imprégnant une certaine qualité aux produits, dicte donc les préférences accordées à ces divers crus.

Les bas-armagnacs ont une saveur très-agréable, et affectent l'arome ou parfum du pruneau d'Agen ou du coing, suivant provenance. Dans les classifications commerciales, les bas-armagnacs arrivent à la hauteur des Cognacs-Bois; distillés au degré des cognacs, par le système des deux chauffes surtout, ils sont susceptibles de surpasser les Bois. Le producteur ne sera-t-il donc pas intéressé à élever désormais le titre, s'il trouve des prix suffisamment rémunérateurs ?

Les Ténarèzes sont très-fines de goût et très-estimées.

Les hauts-armagnacs ont aussi, comme les autres qualités, le mérite d'une saveur délicate, et jouissent d'une grande réputation.

Les deux premières qualités sont plus recherchées par le commerce; elles sont plus *corcées* (qu'on nous permette ce mot commercial), et offrent plus de ressources aux négociants pour les coupages. Leur séve est plus prononcée; il y a aussi plus de moelleux.

—

CHAPITRE X.

Nomenclature des Communes comprises dans les trois zones commerciales de l'Armagnac.

I. Bas Armagnac.

DÉPARTEMENT DES LANDES.

Canton de Gabarret.

Gabarret.
Escalans.
Parleboscq.
Lagrange.
Créon.

Mauvezin.
Betbezer.
Saint-Julien.
Arouille.

Canton de Roquefort.

Labastide d'Armagnac. | Saint-Justin.

Canton de Villeneuve-de-Marsan.

Le Frèche.	Lussagnet.
Montégut.	Saint-Gein.
Bourdalat.	Laqui.
Houtanx.	Perquié.

DÉPARTEMENT DU GERS.

Canton de Cazaubon.

Cazaubon.	Larée.
Barbotan-les-Bains.	Lias.
Ayzieu.	Marguestan.
Bourrouillan.	Mauléon.
Campagne.	Maupas.
Castex.	Monclar.
Estang.	Panjas.
Lannemaignan.	Réans.

Canton de Nogaro.

Nogaro.	Saint-Griède.
Arblade-le-Haut.	Le Houga.
Bétous.	Laujuzan.
Caupenne.	Lanne-Soubiran.
Sainte-Christie.	Loudebat.
Cravencères.	Luppé.
Espas.	Magnan.

Manciet [1].

Saint-Martin.

Monguilhem.

Monlezun.

Mormès.

Perchède.

Salles.

Sion.

Sorbets.

Toujouse.

II. Ténarèze.

DÉPARTEMENT DE LOT-ET-GARONNE.

Canton de Mézin-Sos.

Sos.

Gueyze.

Saint-Pé.

Poudenas.

Sainte-More.

Réaup.

DÉPARTEMENT DU GERS.

Canton d'Eauze.

Eauze.

Bascous.

Bretagne.

Courrensan (haut Armagnac).

Dému.

Lagraulas.

Lannepax.

Mourède (haut Armagnac).

Noulens.

Ramouzens.

Séailles.

1. Quelques négociants contestent sa classification dans le bas Armagnac et placent les produits de cette localité dans le **Ténarèze**.

Canton de Montréal.

Montréal.
Castelnau-d'Auzan.
Cazeneuve.
Fourcès.
Gondrin (haut Arma-
gnac).

Labarrère.
Lagraulet.
Larroque-sur-l'Osse.
Lauraët.

III. Haut Armagnac.

DÉPARTEMENT DU GERS.

Canton de Condom.

Condom.
Beaumont.
Béraut.
Blaziert.
Cassaigne.
Castelnau-sur-l'Auvi-
gnon.

Caussens.
Gazaupouy.
Larressingle.
La Romieu.
Mansencôme.
Mouchan.

Canton de Valence.

Valence.
Ayguetinte.
Beaucaire.
Bezolles.
Bonas.
Castera-Verduzan.
Justian.
Lagardère.

Larroque-Saint-Sernin.
Maignaut.
Saint-Ozens.
Saint-Paul-de-Baïse.
Saint-Puy.
Roquepine.
Roques.
Rozès.

Canton de Vic-Fezensac.

Vic-Fezenzac.
Saint-Arrailles.
Bazian.
Belmont.
Caillavet,
Callian.
Castillon-Débats.
Cazaux-d'Anglès.

Saint-Jean-Poutge.
Marambat.
Miranes.
Prénéron.
Riguepeu.
Roquebrune.
Tudelle.

Canton de Jégun.

Jégun.
Antras.
Arcamont.
Biran.
Castillon–Massas.
Saint-Lary.

Lavardens.
Le Brouilh.
Mérens.
Ordan-Larroque.
Peyrusse-Massas.
Roquefort.

Canton de Montesquiou.

Montesquiou.
Armous-et-Cau.
Bars.
Bassoues–d'Armagnac.
Castelnau-d'Anglès.
Saint–Christaud.
Courties.
Estipouy.
Gazax-et-Bacarisse.

L'Isle-de-Noé.
Lousiitges.
Mascaras.
Monclar.
Mouchès.
Peyrusse-Grande.
Peyrusse-Vielle.
Pouylebon.

Canton de Riscle.

Canton d'Aignan.

Canton de Plaisance.

Canton de Marciac.

Canton de Miélan.

Canton de Mirande.

Canton d'Auch (sud).

Canton d'Auch (nord).

Canton de Fleurance.

Canton de Lectoure.

CHAPITRE XI.

**Production de tous les vignobles d'eaux-de-vie
de France. — Division et taux de mérite.**

La France produit, en bonne année
moyenne, de 512 à 550 000 hectolitres
d'eau-de-vie, et de 480 à 600 000 hectolitres de 3/6, faisant en alcool pur
de 700 à 800 000 hectolitres.

La production se divise en quatre contrées prinpales :

1° Charente et Charente-Inférieure,
2° Armagnac,
3° Marmande et Pays,
4° Languedoc.

I. Charente et Charente-Inférieure.

Ces départements produisent de 60 à 70 000 tierçons de cinq hectolitres d'eau-de-vie, soit 300 à 350 000 hectolitres de 60 à 65 degrés centésimaux, faisant en alcool pur environ 200 000 hectolitres.

Les eaux-de-vie de ces contrées se classent dans le commerce comme suit :

1° Fine champagne ;
2° Champagne ;
3° Petite-Champagne ;
4° 1ᵉʳ Bois ;
5° 2ᵉ Bois ; Borderies ;
6° Saintonge ;
7° Saint-Jean-d'Angély ;
8° Surgères ;
9° Rochelles-Aigrefeuilles ;
10° Rochelles.

Ces eaux-de-vie sont comprises sous la dénomination générale de *Cognac*.

II. Armagnac (Partie du Gers, des Landes et de Lot-et-Garonne).

Cette contrée vinicole fournit de 45 à 50 000 pièces de quatre hectolitres d'eau-de-vie, soit 180 000 à 200 000 hecto-litres de 50 à 52 degrés centésimaux, fai-sant en alcool pur environ 90 à 100 000 hectolitres qui se classent en :

1° Bas–Armagnac ;
2° Ténarèze ;
3° Haut–Armagnac ;

III. Marmande et Pays.

Ces deux contrées, c'est-à-dire l'espace compris entre la Garonne et la Dordogne, depuis la hauteur de Marmande et de Sainte–Foy, jusqu'au Bec–d'Ambez, pro-duisent environ 8000 pièces de 4 hecto-litres d'eau-de-vie, soit 32 000 hectolitres de 50 à 52 degrés centésimaux, faisant en alcool pur environ 16 000 hectolitres ; elles sont classées en :

1° Marmande ;
2° Pays.

IV. Languedoc.

Sous cette dénomination on entend les départements de l'Aude, l'Hérault, le Gard, et partie des Pyrénées-Orientales.

Ces diverses contrées produisent de 80 à 100 000 pipes de 6 hectolitres de 3⁄6 à 86 degrés centésimaux, faisant en alcool pur de 400 à 450 000 hectolitres.

Ils sont connus dans le commerce sous le nom de 3⁄6 de Languedoc.

Voici le rang de mérite de ces divers produits :

1° Fine Champagne ;
2° Champagne ;
3° Petite champagne ;
4° 1er Bois ;

5° 2ᵉ Bois; Borderies ;
6° Bas-Armagnac ;
7° Saintonge ;
8° Saint-Jean–d'Angély :
9° Ténarèze-Armagnac ;
10° Surgères ;
11° Haut–Armagnac ;
12° Rochelles-Aigrefeuilles;
13° Rochelles ;
14° Marmande ;
15° Pays ;
16° 3/6 Languedoc, 3/6 pour l'industrie.

On voit donc que, d'après cette échelle de mérite, les bas-armagnacs arrivent au niveau des cognacs-bois ; et nous trouvons au-dessous : les cognacs Saintonge, les Saint-Jean-d'Angély, les Surgères, Rochelles, Aigrefeuilles, et les cognacs Rochelles.

Le mérite des armagnacs s'est considérablement élevé. Depuis dix ans, en effet, la vinification est mieux soignée ; la distillation a été sensiblement améliorée ; et il est démontré aujourd'hui que les bas-armagnacs atteignent le mérite des cognacs 1er Bois.

Seuls les cognacs champagnes *sont inimitables*.

Pour être dans le vrai, il faut donc rédiger le tableau de mérite comme suit :

1° Fine Champagne ;
2° Champagne ;
3° Petite champagne :
4° 1er Bois ;
5° 2e bois, Borderies ;
6° Bas-Armagnac ;
7° Saintonge ;
8° Saint-Jean-d'Angély ;
9° Ténarèze, Armagnac ;
10° Surgères ;
11° Haut-Armagnac ;
12° Rochelles-Aigrefeuilles ;
13° Rochelles ;
14° Marmande ;
15° Pays ;
16° 3/6 Languedoc.

CHAPITRE XII.

Procédés de distillation. — Avantages d'une distillation lente. — Procédés de macération. — Manière de fixer la valeur des produits distillés.— Instruction et tableau nécessaire pour l'usage de l'alcoomètre centésimal.

Les eaux-de-vie d'Armagnac se distillent à l'aide d'appareils du système Privat et Baglioni, qui ont été modifiés par ceux de MM. Verdier, Ladoux, Rivière, Rocher de Labastide d'Armagnac, Pérès d'Eauze, Bonhoure de Condom, etc.

Dans ces derniers appareils, la colonne est plus forte; les plateaux ont remplacé l'hélice; divers régulateurs ont été établis pour modérer ou augmenter l'action du feu, et pour porter le vin dans les diverses parties de l'appareil. La pièce d'eau-de-vie (4 hectolitres) se fait en cinq ou six heures.

Cette manière trop précipitée de distillation a fait naître la question de savoir si les nouveaux appareils produisent des eaux-de-vie aussi délicates. Les partisans du nouveau système proclament bien haut qu'ils font rendre au vin tout ce qu'il contient d'alcool, tandis que ceux qui soutiennent l'ancien système de distillation ont la prétention de produire des eaux-de-vie plus droites de goût, plus aromatiques et surtout plus moëlleuses. Les producteurs jaloux de livrer au commerce des produits soignés et irréprochables, se prononcent avec raison en faveur de la distillation lente. On distille d'un jet, suivant l'usage de la contrée, de 19° 6/8 à 20°, ou

52° centésimaux, titre commercial. Les cognacs sont distillés à 22° ou 58,7 centésimaux, et même jusqu'à 66. Ces hauts degrés rendent l'eau-de-vie impotable; elle doit être ramenée à 50° pour la consommation.

Depuis quelque temps, les propriétaires ont compris la nécessité d'améliorer nonseulement le mode de distillation, mais encore la manière de confectionner les vins; il en est qui ont essayé avec succès du procédé de macération de MM. Petit et Robert, et qui ont obtenu d'excellents résultats.

Personne n'ignore que cette méthode a pour but d'amener l'abaissement des moûts en laissant séjourner une certaine quantité d'eau dans les raisins fraîchement passés au cylindre[1]. Les produits sont beau-

1. Voir Dr J. Guyot. *Rapport sur les Charentes*, 1866.

coup plus moelleux, et sont très-recherchés par le commerce. En outre, ce système permet au propriétaire de recueillir un dixième environ d'eau-de-vie en plus.

Nous n'entreprendrons pas la description des appareils perfectionnés par MM. Verdier, propriétaire à Monguillem, ni de ceux de M. Pérès d'Eauze, à condensateur. Constatons en passant que les eaux-de-vie sortant de ces appareils sont d'un mérite supérieur à celles provenant des anciens alambics Baglioni.

L'appareil Savalle, qui est appliqué aux grandes distilleries du Nord, pourrait-il être employé avec succès à la distillation des vins? Nous avons cherché à nous éclairer sur cette très-intéressante question par l'envoi de vin blanc et d'eau-de-vie de notre contrée à M. Savalle, à Paris, en le priant de comparer le produit à celui de nos alambics. Nous attendons le résultat de son expérience pour la faire connaître aux viticulteurs.

Manière de fixer la valeur du produit distillé et résumé de l'instruction pour l'usage de l'alcoomètre centésimal.

Après avoir obtenu les produits de la distillation, il importe d'en fixer la valeur. On nous saura gré de produire les deux documents qui suivent et qui sont aussi indispensables aux producteurs qu'aux négociants.

Les liquides spiritueux sont des mélanges à proportion variable d'eau et d'alcool pur; leur valeur dépend de la quantité d'alcool que chacun d'eux renferme.

L'instrument dont on se·sert pour déterminer la quantité d'alcool se nomme alcoomètre. C'est un aréomètre ordinaire. Son échelle est divisée en cent parties ou degrés. Dans l'alcoomètre centésimal, la division 0 correspond à l'eau pure et la division cent à l'alcool pur. Plongé dans un liquide spiritueux à la température de 15° centigrades ou 12° Réaumur, il en fait connaître immédiatement la force. Par exemple : si, dans une eau-de-vie à 15° température, il s'enfonce jusqu'à la division 50°, il avertit que l'eau-de-vie a la force de 50 centièmes de son volume d'alcool pur.

Les degrés de l'alcoomètre centésimal s'appellent degrés centésimaux.

Quand on veut connaître la quantité d'alcool contenue dans un liquide, on multiplie le chiffre de la force, d'après l'indication de l'instrument, par le nombre de litres de liquides ou de son volume.

Exemple : Une pièce d'eau-de-vie de

634 litres de la force de 55° = 348.70;
634 × 0.55 = 348 litres 70 d'alcool pur.

Autre exemple : Une pièce d'esprit de 728 litres de la force de 86°.4 ou 0.864; 728 × 0.864 = 628 litres 992 d'alcool pur.

La chaleur fait varier le volume des liquides et l'alcoomètre s'enfonce plus profondément dans ces liquides quand ils sont chauds que lorsqu'ils sont froids. La chaleur altère en même temps les indications de l'alcoomètre et le volume du liquide spiritueux.

Il importe donc de corriger les indications de l'alcoomètre lorsque la température du liquide est différente de 15°. On en trouve le moyen dans le tableau qui suit :

Température.	41	42	43	44	45	46	47	48	49	50	51	52	53	54	55	56	57	58	59	60
6	44.6	45.5	46.5	47.5	48.4	49.4	50.4	51.4	52.4	53.3	54.3	55.2	56.2	57.1	58 1	59.1	60.1	61.0	26.0	63.0
7	44.2	45.1	46.1	47.1	48.1	49 1	50.1	51.0	52.0	52.9	53.9	54.9	55.9	56.8	57.8	58.8	59.8	60.7	61 7	62.7
8	43.8	44.8	45 8	46.8	47.7	48.7	49.7	50.6	51.6	52.6	53.6	54.6	55.5	56.5	57.5	58.5	59.5	60.4	61.4	62.4
9	43.4	44.4	45.4	45.4	47.3	48 3	49.3	50.2	51.2	52.2	53.2	54.2	55.1	56.1	57.1	58.1	59.1	60.0	61.0	62.0
10	43.0	44.0	45.0	46.0	46.9	47.9	48.9	49.9	50.9	51.8	53.8	53.8	54.8	55.8	56.8	57.8	58.8	59.7	60.7	61.7
11	42.6	43.6	44.6	45.6	46.6	47.6	48.6	49.5	50.5	51.5	52.5	53.5	54.4	55.4	56.4	57.4	58.4	59.4	60.4	61.4
12	42.2	43.2	44.2	45.2	46.2	47.2	48.2	49.2	50.2	51.1	52.2	53.1	54.1	55.0	56.0	57.0	58.0	59.0	60.0	61.0
13	41.8	42.8	43 8	44.8	45.8	46.8	47.8	48.8	49 8	50.8	51.8	52.7	53.7	54.7	55.7	56.7	57.7	58.7	59.7	60.7
14	41.4	42.4	43.4	44.4	45.4	46.4	47.4	48.4	49.4	50.4	51.4	52.3	53.3	54.3	53.3	56.3	57.3	58.3	59.3	60.3
15	41.0	42.0	43.0	44.0	45.0	46.0	47.0	48.0	49.0	50.0	51.0	52.0	53.0	54.0	55.0	56.0	57.0	58.0	59.0	60.0
16	40.6	41.6	42.6	43.6	44.6	45.6	46.6	47.6	48.6	49.6	50.6	51.6	52.6	53.6	54 6	55.6	56.6	57.6	58.6	59.6
17	40.2	41.2	42.2	43.2	44.2	45.2	46.2	47.2	48.3	49.3	50.3	51.3	52.3	53.3	54.3	55.3	56.3	57.3	58.3	59.3
18	39.8	40.8	41.8	42.8	43.8	44.9	45.9	46.9	47.9	48.9	49.9	50.9	51.9	52.9	53.9	54.9	55.9	56.9	59 9	58.9
19	39.4	40.4	41 4	42.5	43.5	44.5	45.5	46.5	45.5	48.5	49.5	50.6	51.6	52.6	53.6	54.6	55.6	56.6	57.6	58 6
20	39.0	40.0	41.0	42.1	43.1	44.1	45.1	46.1	47.2	48.2	49.2	50.2	51.2	52.2	53.2	54.2	55.2	56.2	57.2	58.2
21	38.6	39.6	40.6	41.7	42.7	43.7	44.8	45.8	46.8	47.8	48.8	49.8	50.8	51.8	52.4	53.9	54.9	55.9	56.9	57.6
22	38.2	39.7	40.2	41.3	42.3	43.3	44.3	45.3	46 4	47.4	48.4	49.4	50.4	51.4	52.5	53.5	54.5	55.5	56.5	57.5
23	37.8	38.8	39.8	40.9	41.9	42.9	43.9	44.9	46.0	47.0	48.0	49.1	50.1	51.1	52.1	53.1	54.1	55.1	56.1	57.1
24	37.4	38.4	39.4	40.5	41.5	42.5	43.6	44.6	45.6	46.6	47.6	43.7	49.7	50.7	51.8	52.8	53.8	54.8	55.8	56.8
25	37.0	38.0	39.0	40.1	41.1	42.2	43.2	44.2	45.2	46.3	47.3	48.3	49.3	50.3	51.4	52.4	53.4	55.4	55.5	56.5

CHAPITRE XIII.

Débouchés des eaux-de-vie de l'Armagnac. — Droits prohibitifs des États-Unis. — Notre formule : Juste échange, libre échange.

Une partie des eaux-de-vie s'exporte à Mont-de-Marsan ; une plus grande quantité, au contraire, s'exporte à Condom et à Pont-de-Bordes , siéges des principales maisons de commerce du pays. De là elles sont expédiées vers Bordeaux, Paris, Rouen, l'Angleterre, la Russie, etc., etc.

Autrefois, les affaires avec les États-Unis étaient très-importantes ; mais ce pays, qui passe pour le plus libéral du monde, n'admet pas les principes du libre échange. Depuis la dernière guerre civile, il a adopté les idées de protection à outrance. Ses taxes douanières sont exorbitantes, puisque les droits sont aujourd'hui fixés à 450 fr. par hectolitre d'eau-de-vie à 62 degrés ou 1015 fr. 18 c. par hectolitre d'alcool pur, soit environ 2000 fr. pour la pièce d'Armagnac.

Le marché américain est donc fermé à ces produits de la vigne. D'aucuns en cherchent la cause dans ce fait que la France a reconnu aux habitants du Sud les droits des belligérants; d'autres prétendent que les membres du Congrès ont voulu remplir le vide créé dans les caisses de l'Union par une longue guerre.

Cette prohibition devait amener dans le pays des Charentes et de l'Armagnac d'imposantes manifestations, qui ont été signalées à la sollicitude de son excellence M. le ministre de l'agriculture en 1869.

On a fait observer avec raison que nous laissons entrer en France, sans qu'ils soient assujettis à des droits, des produits agricoles étrangers, tandis que beaucoup de nos produits doivent acquitter des droits énormes lorsqu'ils se présentent en dehors du sol national.

N'est-il pas légitime dans cette situation de ne plus jouer un rôle de dupes, et de ne vouloir l'application des doctrines du libre échange qu'avec les peuples qui entendent user de réciprocité et qui veulent le *juste échange?*

Quand donc les peuples comprendront-ils leurs véritables intérêts?

Quand donc les gouvernements laisseront-ils le *libre échange à l'intérieur,* c'est-à-dire la *transformation des droits* réunis *et la diminution des octrois* des grandes villes? C'est le sens de notre formule; c'est ce que nous ne cessons de réclamer depuis longtemps dans nos écrits : *Libre échange à l'intérieur et juste échange à l'extérieur*, dans l'intérêt du producteur, du commerçant et surtout du consommateur.

Mais les événements de 1870 et de 1871 ne vont-ils pas nous forcer peut-être à imiter les États-Unis? Ne serons-nous pas forcés, nous aussi, dans un intérêt financier, d'augmenter les tarifs douaniers?

Le libre échange, système économique inauguré par Turgot, ministre de Louis XVI, n'est sans doute qu'une des manières de disposer de la chose; il dérive du droit de propriété lui-même; il doit être absolu et inviolable comme la source d'où il émane. Mais les systèmes les plus justes ne doivent-ils pas fléchir devant les nécessités de la patrie ?

Si nous croyons à l'avenir du juste échange, notre patriotisme nous impose le devoir de ne pas sacrifier d'une manière absolue des idées vraies à la grandeur de la France [1] !

---

1. La loi du 1er septembre 1871 sur les contributions indirectes, nous semble avoir exagéré les tarifs dans des proportions beaucoup trop considérables ; la conséquence doit être celle-ci : consommation plus restreinte et diminution des recettes. Que dire des droits d'octroi de la ville de Paris pour 1872 !

CHAPITRE XIV.

Avenir des produits naturels et sans mélanges.

Nous parlions, au commencement de cet ouvrage, de l'avenir des eaux-de-vie d'Armagnac. Voici notre pensée :

M. de Dampierre, dans un mémoire lu à la Société centrale d'Agriculture, à Paris, avec l'autorité qui appartient aux hommes d'élite qui se dévouent aux intérêts agricoles, a signalé les falsifications des eaux-de-vie de Cognac. A ce sujet, le *Journal d'agriculture pratique* [1] s'exprimait en ces termes :

[1] Numéro du 20 mars 1857, p. 270 à 271.

« Si cette falsification. des eaux-de-vie
« de Cognac prenait de sérieuses propor-
« tions, le commerce important de cette
« contrée serait bientôt déshonoré et
« perdu. » C'est afin de sauver le pays des
malheurs qui le menacent, que M. de Dampierre et un certain nombre de producteurs honnêtes ont contracté une association commerciale, afin de conserver à leurs
produits leur pureté d'origine et de bonne
réputation. C'est aussi le motif qui a dicté
à l'honorable écrivain un mémoire qui se
recommande par l'élégance de la forme et
la puissance d'une argumentation intelli-
gente et loyale.

Le *Moniteur vinicole*, journal de Bercy
et de l'entrepôt[1], a publié, sur cette même
question, un article dont nous citerons
quelques passages :

1. Numéro 26, du 1er juillet 1857.

« Nous avons, à diverses reprises, repro-
« duit les plaintes du commerce de Cognac
« et des Charentes, à l'occasion des mélan-
« ges pratiqués depuis quelque temps dans la
« fabrication des eaux-de-vie de Cognac. Ces
« mélanges, qui consistent dans l'introduc-
« tion des 3/6 de grains et de betterave
« dans un produit qui doit provenir exclu-
« sivement du vin, peuvent bien faire la
« fortune de quelques industriels ; mais ils
« mettent en suspicion le commerce de
« toute une contrée, et attaquent dans leur
« source même la fortune et la renommée
« de deux de nos plus importants dépar-
« tements viticoles. »

Nous empruntons au *Journal d'agriculture et d'horticulture* de la Charente, si
habilement dirigé par M. le docteur Clau-
zure, les lignes suivantes, qui signalent,
à l'appui des appréhensions déjà exprimées

sur les conséquences de ces pratiques, des faits nouveaux et concluants :

« Dans nos campagnes charentaises, et
« surtout dans celles où la culture de la vi-
« gne est le principal objet de la spécula-
« tion territoriale, les propriétaires, munis
« d'appareils distillatoires perfectionnés,
« ont pris le funeste parti de brûler avec
« leurs vins des 3/6 anglais, de grains
« ou de betterave, pour obtenir une plus
« grande quantité d'eau-de-vie de Co-
« gnac. »

« Cette sophistication, qui, dans le mo-
« ment actuel, peut produire des bénéfices
« considérables, jettera, nous ne pouvons
« en douter, et dans un avenir prochain, un
« discrédit sur nos eaux-de-vie de la Cha-
« rente, discrédit dont elles ne pourront
« peut-être jamais se relever. » Etc., etc. »

Ces citations parlent assez haut : les

producteurs de l'Armagnac n'ont pas fait de fraude, et n'ont jamais falsifié leurs produits.

Qu'ils continuent donc de marcher dans cette voie, et qu'ils restent fidèles à leurs habitudes traditionnelles d'honnêteté !

L'eau-de-vie d'Armagnac, pure et sans mélanges, occupe à bon droit une des premières places sur les marchés du monde.

Au sujet de ces falsifications M. Leplay a établi[1] par des extraits de la régie que les Charentes font entrer tous les ans plus de 300 000 hectolitres de 3[6 étranger et qu'ils sont distillés avec les vins de ces contrées?

La fraude, a dit M. de Dampierre, a pris de larges proportions , elle tend à anéantir

1. *Journal d'Agriculture pratique*, Barral, 1864, tome II.

la réputation des cognacs[1]. Enfin M. Ellie, des Charentes, a prononcé le véritable mot de la situation et indiqué le remède. Voici comment il s'exprime :

« L'expérience en est faite : les associations abandonnées à elles-mêmes, et sans un moyen légal, ne peuvent rien contre la fraude. Pour la combattre avec succès, il faut *obliger à la marque de fabrique ou d'origine*, sous peine de délit, et encore pour que cette mesure soit efficace, ou n'aille pas contre le but qu'on se propose, il est indispensable d'avoir le moyen de s'assurer si les déclarations sont sincères. Ce moyen, ce seul moyen de le savoir, c'est d'obtenir que *la régie ne donne ni congés, ni acquits, sans nommer le destinataire*, etc. »

1. Voir le discours de M. de Dampierre à la session des agriculteurs de France, *Annuaire de* 1870, p. 382.

En 1868 des hommes intelligents ont poursuivi ce but par voie de pétition au Sénat. Les producteurs, les commerçants et les consommateurs auraient puisé dans les idées de M. Ellie une confiance réciproque, indispensable aux affaires.

De ce qui précède il résulte que les Armagnacs atteignent dans les classifications commerciales un rang convenable parmi les produits similaires; que leur mérite s'est considérablement élevé depuis dix ans; que les propriétaires n'ont jamais altéré ces produits; que la fraude s'est introduite dans la distillation des Charentes. Nous en trouvons la preuve dans les écrits de M. le marquis de Dampierre et autres, dont les témoignages sont irrécusables[1].

---

1. Les *Eaux-de-vie de Cognac*, publié à Paris, chez Douniol, libraire, en 1858.

Puissent les propriétaires de l'Armagnac maintenir leur antique réputation d'honneur et de probité, car l'avenir de leurs produits est assuré.

CHAPITRE XV.

**La vigne et les vœux de l'enquête agricole de
1866 et de l'enquête parlementaire de 1870. —
Abaissement des droits de régie et des droits
d'octroi sur les vins et sur les eaux-de-vie.**

L'enquête agricole de 1866 restera, quoi
qu'on ait pu dire, une imposante et libre
manifestation de l'esprit public.

D'après les paroles officielles, cette enquête ne devait pas s'arrêter aux sommets
élevés de la théorie. « Dans cette informa-
tion solennelle, toutes les doctrines pourront s'affirmer, tous les systèmes auront
occasion de se produire. Posées sans réti-

cence, discutées avec liberté, les questions y seront examinées sans parti pris[1]. »

De toutes parts, les négociants, les manufacturiers, les agriculteurs, les producteurs de céréales, les viticulteurs, les économistes, se sont présentés devant les commissions d'enquête ; leurs dires ont été recueillis et publiés[2]; leurs réponses à un vaste questionnaire ont été soigneusement étudiées.

Détachons avec soin les vœux de cette enquête, et de l'enquête parlementaire de 1870, en ce qui touche la viticulture. Ils peuvent se résumer ainsi :

1° Abaissement des droits de régie et des droits d'octroi à l'entrée des grandes villes

1. Discours de M. Béhic.
2. Voir *Documents généraux de l'enquête*, plusieurs volumes, publiés par les ministres de l'agriculture MM. Béhic et de Forcade la Roquette.

sur les vins et eaux-de-vie, notamment à Paris ;

2° Libre échange à l'intérieur, juste échange à l'extérieur.

La culture de la vigne a pris des proportions énormes depuis quelques années ; les chemins de fer facilitent les transactions commerciales, et cependant il est permis de s'étonner que la consommation n'ait pas pris des développements plus considérables.

Quelle est donc la cause qui vient enrayer le mouvement des affaires ?

Nous répondrons, avec tous les déposants de l'enquête, que le régime des lois actuelles est fatal à la vigne.

D'un côté, la main-d'œuvre augmente les frais de culture, et de l'autre, les droits de régie poursuivent les vins et eaux-de-vie, toutes les fois qu'ils passent du caveau du producteur sur la table du consommateur. Il est nécessaire d'énumérer ces droits divers, depuis la contribution foncière jusqu'aux droits d'entrée dans les villes: droits de circulation, droits de consommation [1], droits de passavant, d'acquits à caution, de congé, de droit de détail, de licence, de passe-debout, de laisser passer, de permis, de transit, etc., etc., etc.

A Paris, une bordelaise de vin paye 46 francs de droits d'octroi, beaucoup plus que la valeur intrinsèque du vin, si le liquide est du vin ordinaire!

Et, chose étrange, ce droit d'octroi est le même pour une futaille de *Clos-Vougeot* ou de Château-Laffitte, ou pour une futaille de vin de Suresne.

Cette anomalie a frappé tous les vignerons.

1. Appelé par M. Thiers : la bête de somme des impôts.

Aussi, ont-ils demandé que cette législation fût modifiée[1], en formulant ainsi leur opinion : *Impôt ad valorem*, suivant la provenance et suivant la qualité du produit, et réduction de taxe très-considérable pour les vins communs.

Il est à souhaiter, dans l'intérèt de l'hygiène et des classes laborieuses, que l'usage du vin se généralise et remplace les autres boissons moins saines. Or, n'est–ce pas rendre un éminent service au pays que de modifier l'impôt sur les boissons, véritables douanes intérieures, qui arrêtent la production, favorisent la fraude et restreignent la consommation ?

Comme conséquence de ces principes il est naturel de réclamer, avec tous les vignerons français, que le libre échange

1. La loi du 28 avril 1816, est la véritable Charte de l'impôt des boissons.

6

inauguré depuis quelques années soit enfin une vérité et qu'il soit un *juste échange ;* qu'il *existe de la réciprocité dans les tarifs douaniers*, et que les tarifs *des pays voisins* ne constituent pas vis-à-vis de nous une *véritable prohibition*.

Les idées émises par les vignerons dans les enquêtes solennelles de 1866 et de 1870 amèneront, nous en avons le ferme espoir, de très-importantes réformes ; et, le jour n'est pas éloigné où la France agricole recueillera les fruits de ces manifestations patriotiques.

CHAPITRE XVI.

De l'établissement des vigneronnages comme
moyen d'arrêter la dépopulation des campagnes. — Exemples tirés des vignobles de l'Armagnac et de la Bourgogne.

On entend dire de tous côtés que les
villes attirent la population jeune et vigou-
reuse des campagnes, et que les champs
vont rester déserts. On affirme que cet état
de choses est la conséquence de la division
de la propriété poussée à l'extrême, et du
désir si naturel d'améliorer sa position.

Dans la partie sud du département du
Gers, dans les Hautes et Basses-Pyrénées,
les migrations ont pris, depuis trente ans,
un caractère alarmant; et pour ne parler
que du canton de Miélan (arrondissement

de Mirande), dont la population est de 11 110 habitants, il part tous les ans, en moyenne, 125 hommes ou femmes : 1 sur 96 ! Ces jeunes gens, après avoir recueilli l'héritage de leur père, vont tenter fortune, les uns partant pour Montévidéo, les autres (c'est le plus grand nombre) pour la Nouvelle-Orléans. La guerre d'Amérique a pu, seule, ralentir ce mouvement de migration vers les États-Unis.

Quelques-uns, sans doute, parviennent à la fortune : partis pauvres, ils reviennent au pays, et ils y achètent une propriété. Ces exemples, très-rares, suffisent pour enflammer les imaginations. Mais combien sont trompés dans leurs espérances !

Ce n'est donc pas sans raison que l'on se plaint et que l'on dit : *Les bras manquent à l'agriculture.*

Ne serait-il pas possible de retenir

tous ces émigrants dans nos campagnes ?

Économistes et agriculteurs se mettent à la recherche de la solution de ce difficile problème. Chacun présente à l'envi son moyen, et nul, jusqu'ici, n'a fait passer dans le domaine des faits les conseils proposés par M. le docteur Guyot.

La solution recommandée par M. Guyot se trouve appliquée, depuis bien longtemps, sur une vaste échelle dans la Bourgogne. On y voit établi le patriarcat rural, basé sur la division de la culture entre les personnes et les familles commanditées et dirigées par les propriétaires eux-mêmes. Il cite comme exemple les vigneronnages du Beaujolais[1], et il établit que la vigne étant un puissant moyen de colonisation, doit nécessairement attirer et créer plus d'hommes et

1. Voir son *Rapport sur la viticulture de l'est de la France*, 1863.

d'argent que les autres genres de culture.

Avons-nous songé à cela, nous tous qui plantons des vignes et qui en triplons l'étendue depuis quelques années? Où sont les bras qui doivent la cultiver? Ils sont rares, la main-d'œuvre est hors de prix ; on est découragé en regardant l'avenir, et l'on se dit qu'il ne sera plus possible de continuer l'exploitation de faire – valoir considérables, tant il est vrai que les serviteurs à gages élèvent leurs prétentions et absorbent à eux seuls les revenus de certains propriétaires. A ce mal sérieux il y a un remède que l'on peut appliquer à quelques départements vinicoles du midi de la France, et à celui du Gers en particulier : c'est le vigneronnage.

Concluons donc : Si vous avez cent hectares de vigne en faire-valoir, divisez en quatre ou cinq exploitations séparées, logez des familles d'agriculteurs, donnez-leur un intérêt qui les attache à votre sol, réalisez l'association si naturelle du capital et du travail, faites des colons à moitié fruits, ou des métayers aussi nombreux que le comporte votre domaine, dirigez vous-même leurs travaux; plus votre terre sera partagée en petites exploitations, plus la culture en sera soignée; vous aurez des bras fixés au sol et votre capital augmentera de valeur : il sera peuplé, il sera travaillé. Si vos cultures de vignes ont été augmentées, commencez par bâtir sur les lieux mêmes de modestes habitations, attirez à vous ces jeunes gens qui émigrent, parce qu'ils n'ont plus de place au toit paternel; donnez-leur cinq ou six hectares à moitié fruits, un jardin, quelques animaux pour fumer les vignes, leur travail se fera non comme celui du domestique ou du journalier, mais avec l'attrait d'un intérêt réel, et vous aurez près de vous, aux époques des grands travaux, les bras nécessaires à votre fairevaloir et à vos vignes de réserve ;

Il nous a semblé que c'est un devoir pour tous d'étudier la solution de ce grave problème. M. Guyot propose une solution pratique expérimentée et reconnue bonne ; elle est dans les mains des propriétaires du sol et n'exige pas l'intervention de l'État, que l'on a l'habitude, en France, d'invoquer en toutes choses.

Les vignerons du Beaujolais ne demandent pas à émigrer, et les contrats qui lient le maître et le colon établissent entre eux les rapports les plus agréables, en leur assurant des spéculations lucratives.

1. On trouve aussi dans quelques communes du Bas-Armagnac, des Landes, sous le nom de Brassiers à moitié fruit des exploitations dirigées comme celles du Beaujolais.

CHAPITRE XVII.

Essai de synonymie des cépages cultivés dans le département du Gers.

SOMMAIRE.

Nécessité d'étudier la synonymie des cépages du département du Gers. — Leurs noms varient de commune à commune. — Proposition d'étude faite à la Société d'agriculture et d'horticulture du Gers. — La synonymie des cépages doit être étudiée dans la France entière pour trouver UN NOM UNIQUE à chaque cépage; but de toutes les études synony-miques — Commission des cépages au concours de Condom, les 2 et 3 septembre 1862 et au concours de Mirande en 1863. — Comparaison des cépages. — Noms des cépages. — Classification. — Cépages rouges, cépages roses et cépages blancs. — Classification géographique départementale. — Espèces de cépages à recommander pour les plantations de vignes. — Faut-il cultiver une grande variété de cépages? — Exemples tirés de la Bourgogne et du Médoc. — Importa-tions d'espèces étrangères au département. — Tableau ré-sumé de la synonymie de trente-deux espèces de cépages cultivés dans le département du Gers.

I

L'étude synonymique des cépages d'un pays est si importante, qu'il paraît inutile de faire ressortir ici l'intérêt qui s'y rattache.

Qu'il nous suffise de dire que le comte Odart, dans son *Ampélographie universelle*, a pris pour texte ces quelques lignes de M. Lenoir :

« Si la plus importante amélioration à
« porter dans la culture de la vigne est la
« réforme des cépages, une synonymie
« raisonnée serait un immense bienfait.
« L'amélioration de nos vins serait un ré-
« sultat infaillible de la connaissance des
« cépages et de leurs propriétés. »

Tous les auteurs qui ont écrit sur la vigne et ses produits se sont plaints de la confusion qui existe dans les noms et dans les caractères des diverses espèces de cépages.

Olivier de Serres écrivait à la fin du seizième siècle.

« Gardés aussi d'estre trompé au noms

« des raisins, en la recherche desquels

« gist plus de curiosité que d'avantaige ;

« voire telle confusion, que s'y arrestant,

« on n'en pourroit avoir aucun plaisir.

« La révolution des siècles, et distance des

« lieux ont tellement diversifié les appel-

« lations des raisins, qu'à peine s'entend-

« on aujourd'huy de terroir à terroir, je

« ne dirai pas de province à province.

« Car ici l'on nomme telle sorte de raisin

« qui est blanche et hastive, qui là se

« trouve noire et tardive ; estant telle-

« ment grande la diversité en cest en-

« droit, qu'aucun fondement n'y peut être

« assis [1]. »

Julien disait il y a quarante ans :

« J'avais l'intention d'indiquer avec

1. *Théâtre d'agriculture et Mesnage des Champs*, IIIᵉ livr. ch. II.

« précision, l'espèce à laquelle appartien-
« nent les cépages qui portent différents
« noms dans chaque pays, et ceux qui,
« sous la même dénomination, ne font ce-
« pendant pas partie de la même variété ;
« mais les recherches que j'ai faites à cet
« égard ont été infructeuses, et j'ai appris
« avec étonnement que la vigne, qui, à
« tant de titres, mérite de fixer l'attention
« des naturalistes, n'a point encore été
« complétement décrite, et que ses nom-
« breuses variétés ne sont pas encore bien
« connues.... Le célèbre Bosc, de l'Aca-
« démie des sciences, que nous avons avons
« perdu en 1828, avait entrepris de dé-
« crire les différents cépages qui peuplent
« nos vignobles, et parmi lesquels il avait
« remarqué près de mille variétés dis-
« tinctes, dont près de moitié, déjà dessi-
« née et peinte, devait être gravée en cou-

« leur de manière à représenter le sar-
« ment, ses feuilles et ses fruits, sous les
« formes, les dimensions et les couleurs
« qu'ils ont en pleine végétation. Un sa-
« vant digne de lui succéder rendrait un
« grand service à la science et à l'agricul-
« ture en terminant ce bel ouvrage [1]. »

M. Victor Rendu, dans son beau livre
de l'*Ampélographie française* [2], s'exprime
ainsi :

« La synonymie des cépages présentait
« plus d'un écueil et réclamait une atten-
« tion particulière ; il est si difficile de
« reconnaître les véritables caractères
« d'une espèce, au milieu de ces variétés
« qui changent, pour ainsi dire, à chaque

1. *Topographie de tous les vignobles connus* par Julien ; avant-propos, p. 3 et 4.

2. P. 3 de la préface. — Voir aussi sur ce même
sujet, *Opinion de M. d'Armailhacq*, p. 27 et 28,
3e édition.

« pas, de nom et d'aspect. Nous avons
« cherché à y obvier, en décrivant, au
« sein même des vignobles en renom, les
« cépages-types, source des grands vins. »

Ces autorités nous dispensent de tous
commentaires.

En janvier 1861, nous eûmes l'honneur
de demander à la Société d'agriculture et
d'horticulture du Gers de vouloir bien
placer à l'ordre du jour l'intéressante
question de la synonymie des cépages du
département du Gers.

Une commission fut nommée [1].

Elle s'est réunie les 2 et 3 septembre,
à Condom en 1862 et à Mirande en 1863,

1. Cette commission était composée de M. le docteur J. Guyot, président;

En son absence président d'honneur : M. Robert
Hogg, secrétaire du comité pomologique de la Société
Royale d'horticulture de Londres, auteur d'un manuel
des fruits et directeur des journaux *of Horticulture* et
du *Florist and pomologist*.

Président d'honneur : M. Pépin, directeur des cul-

à l'époque du concours agricole annuel de
la Société d'agriculture et d'horticulture
du Gers.

Chacun des membres de cette commission avait porté un échantillon de chaque

tures du Muséum de Paris, membre de la Société
centrale d'agriculture de France, vice-président du
comité de la Société centrale d'horticulture.

Vice-président : M. Sentex ; secrétaires : MM. Jules
Seillan et Charles Doat.

Canton d'Auch (nord)... MM. Laffitte.
— Auch (sud)....   Isidore Sémont.
— Gimont.......   Léon Bonnemaison
— Jegun........   Lefèvre.
— Sarramon.....   de Brux.
— Vic-Fezensac..   de Gauran-Tristan.
— Condom.......   Charles Labat.
— —   ......   Sentex.
— Cazaubon.....   Léon Barciet.
— Eauze........   Comin.
— Nogaro.......   Vicomte de Villeneuve
— Valence.......   Salle-Estradère.
— Lectoure......   Labat.
— Montréal.....   Alfred de Lavergne.
— St-Clar.......   Francain.
— Fleurance.....   Charles Doat.
— Mauvezin.....   Sottum.
— Miradoux.....   Marsolam.
— Lombez.......   de Carsalade du Pont.
— Cologne.......   Delibes.
— L'Isle Jourdain.   Dumas.
— Samatan......   Longayron.

cépage de son canton (sarments, feuilles et fruits).

MM. les commissaires généraux de ces concours avaient fait établir, le long des murs de la salle où la commission devait se réunir, des caisses remplies de terre, dans lesquelles étaient plantés, étiquetés et classés, par provenance de canton, tous les cépages du Gers.

Voici comment cette commission a procédé :

A l'appel d'un nom déterminé, chacun des membres présents apportait le cépage, le vérifiait, le comparait, en étudiait les

Canton de Mirande......		J. Seillan.
—	Aignan.......	Delort.
—	Marciac......	Laberon.
—	Masseube....	Gardès.
—	Miélan	Dagé.
—	Montesquiou..	Sentex et Abeilhé.
—	Plaisance.....	Durrechou.
—	Riscle	De Laterrade.

Membre d'honneur : M. de Grammont, propriétaire viticulteur à Nérac (Lot-et-Garonne).

caractères, disait les noms qu'il portait dans son canton, indiquait ce que les sarments, les feuilles, les fruits, avaient de signes caractéristiques et particuliers, parlait de la taille en usage, de la floraison plus ou moins hâtive, de l'époque de la maturité, de la couleur du raisin, de la forme du grain, du produit ou rendement en vin, de la qualité du vin produit, indiquait les espèces les plus résistantes à la sécheresse, à la coulure, à l'oïdium.

Toutes ces nombreuses questions se liaient intimement entre elles. Enfin on recherchait avec soin quelles étaient les espèces dignes d'être recommandées aux vignerons désireux d'étendre la culture de la vigne[1].

1. M. Terrel des Chênes proposa en 1869, le même plan pour constituer une grande ampélographie nationale.

Aujourd'hui on semble avoir foi dans l'avenir de ce précieux arbuste, dont la culture convient si admirablement à soixante-quinze départements de notre beau pays. Mais, d'un autre côté, on se demande, avec raison peut-être, si l'on n'adopte pas ces idées avec un engouement trop irréfléchi, et si l'on ne se préoccupe pas assez de la question du manque de bras.

On semble même ne pas redouter la concurrence des vignes plantées dans les régions tempérées de l'Amérique et dans le nord de l'Afrique.

Les vignobles français n'ont-ils pas toujours obtenu une supériorité marquée sur tous leurs rivaux ? Cette pensée anime et soutient les vignerons.

Les membres de la commission des cépages se sont occupés avec ardeur de leur délicate et très-difficile mission, pendant les journées qu'il leur a été donné de passer ensemble.

II

Le vignoble du Gers comprend de très-nombreuses espèces de cépages. Leur synonymie présente donc de graves difficultés. En effet, sur trente-deux principales espèces de cépages, nous avons cent trente-sept noms différents[1].

Comment peut-on reconnaître sûrement les véritables caractères d'une espèce souvent modifiée par l'influence de terrains divers, dont les noms varient non-seulement d'un canton à l'autre, mais même de commune à commune? Or, si on ne peut s'accorder dans des limites aussi peu étendues, comment serait-il possible de s'en-

1. Un tableau résume la synonymie à la fin de ce chapitre.

tendre dans la France entière?[1] On a donc essayé, dans le département du Gers, de débrouiller le chaos de noms si différents. On a tenté, selon nous, une chose très-utile au pays, mais qui doit réclamer plusieurs années de laborieuses et patientes recherches. Cette œuvre devra donc se compléter par une description très-exacte et la photographie elle-même de tous les cépages, afin de créer une ampélographie des espèces du Gers. Malgré les écueils dont cette tâche est hérissée, elle sera, nous l'espérons, conduite à bonne fin. Nous puisons cette conviction dans le zèle et la persévérance opiniâtre de tous nos collègues.

1. D'après quelques ampélographes, il existe plus de 2000 variétés de vignes; d'après d'autres il n'y en a pas plus de 200; d'après M. Dubreuil leur nombre dépasse aujourd'hui 1200 (Voyez *Culture du vignoble*, p. 17, 1863).

III

Le but de toutes les études de synonymie étant de faire adopter dans tout le
vignoble français un nom unique pour chaque espèce de cépage, il importe de trouver enfin le vocabulaire des vignerons.
Pour parvenir à ce résultat, il faut nécessairement pratiquer dans tous les départements qui cultivent la vigne, ce qui a été
exécuté dans le Gers[1]. Pour compléter
cette œuvre de détail, une commission sié-
geant à Paris, serait chargée d'élaborer, au
sein d'un congrès général de viticulteurs,
un plan synonymique pour les cépages de
la France entière [2].

1. La Société générale d'agriculture de Lot-et-Garonne a adopté les bases de ce travail, elle a mis à l'é-
tude la question de la synonymie des cépages de ce
département. — La Société de viticulture de l'Ain a
fait une exposition de cépages et poursuit le même but.
V. Carrier, numéro de *La Vigne* du 29 novembre 1866.
2. Notre travail sur la *Synonymie* a été publié en 1864.

Que les sociétés agricoles et viticoles de France daignent nous aider et répondre à notre appel, dans quelques années les vignerons de notre pays parviendront à reconnaître leurs cépages, à distinguer les plus recommandables, et à faire choix de ceux qui peuvent s'associer pour produire les meilleurs vins, et enfin exclure tous les cépages improductifs ou de mauvaise qualité.

IV

On doit classer les cépages du département du Gers en trois familles ou catégories bien distinctes. Chacune de ces catégories sera subdivisée en cépages à *grains ronds* et en cépages à *grains ovales.*

1° Les cépages rouges ;
2° Les cépages roses ou gris, ou de couleur intermédiaire ;
3° Les cépages blancs ;

Nous allons les désigner successivement,

et dans un tableau placé à la suite, nous dirons aussi quel nom unique nous proposerions, soit que ce nom soit le plus généralement adopté par l'usage, soit qu'il ait été donné par tous les ampélographes.

Nomenclature des cépages.

§ I. Cépages rouges.

1° Le grand vesparo ;
2° Le petit vesparo ou côte rouge ;
3° Bouchalès ou queue fort ;
4° Le grand Mansain tannat plant de madiran ;
5° Le petit Mansain ou plant ajaçat julian;
6° La malvoisie noire ;
7° Le grenache ou mérille ;
8° Le négret ;
9° Le pienc ou piec, herrant ;
10° Le grand piquepout rouge;
11° Le petit piquepout rouge ;
12° Le marocain ;
13° Le teinturier ;
14° La chalosse noire ;
15° Le muscat noir.

§ II. Cépages roses ou gris, ou de couleur intermédiaire.

16° Pinot gris ;
17° Mauzac rose ;
18° Grèce rose,
19° Plant rose de céran;
20° Alicante gris.

§ III. Cépages blancs.

21° Grand mauzac et le petit mauzac ;
22° La blanquette ;
23° La petite blanquette;
24° Piquepoule, plant de dame ;
25° Le clairet ;
26° Le jurançon, plant quillat ;
27° L'attrape-gourmand ;
28° L'œil de tour ;
29° La malvoisie :
30° Le Grèce blanc ;
31° Le verdet ;
32° Le Sauvignon ;

NOMS UNIQUES PROPOSÉS COMME ÉTANT LES PLUS
GÉNÉRALEMENT ADOPTÉS

Cépages rouges.

1° Côt à queue verte (grains ronds).

2° Côt à queue rouge (grains ronds).
3° Queue fort (id.).
4° Tannat (id.).
5° Julian (id.).
6° Malvoisie noire (id.).
7° Le grenache ou mérille (id.).
8° Le négret (id.).
9° Le pienc ou piec (id.).
10° Le grand piquepout rouge (grains ovales).
11° Le petit piquepout rouge (id.).
12° Le marocain (id.).
13° Le teinturier (id.).
14° La chalosse noire (id.).
15° Le muscat noir (id.).

Cépages roses ou gris ou de couleur intermédiaire.

16° Pinot gris (grains ronds).
17° Mauzac rose (grains ovales).
18° Grèce rose (id.).
19° Plantrose de céran (id.).
20° Alicante gris (id.).

Cépages blancs.

21° Grand Mauzac et petit Mauzac (grains ovales).

22° Grande blanquette (grains ovales).
23° Petite blanquette (id.).
24° Folle branche (grains ronds)
25° Clairet (id.).
26° Jurançon (id.).
27° Attrape-Gourmand (id.).
28° Œil de tour (grains ovales).
29° La Muscadelle (id.).
30° Grèce blanc (grains ronds).
31° Verdet (id.).
32° Sauvignon (grains ovales).

Nous ne plaçons pas dans cette liste déjà longue les diverses et nombreuses espèces de cépages cultivés dans les jardins et les vergers, tels que les Muscats, les Chasselas rose et blancs de Fontainebleau ou de Hongrie et les Sainte-Hélène. Nous ne nous occupons que de la synonymie des cépages adoptés dans la grande culture.

V

Reprenons cette énumération de cépages.

§ Ier. Cépages rouges.

1° Le vesparo. — Le grand vesparo. — Côt à queue verte.
2° Le petit vesparo ou côte rouge. — Côt à queue rouge.

Dans quelques cantons du Gers les vignerons n'admettent qu'une espèce de vesparo ; mais en général on distingue le grand vesparo à la rafle verte et le petit vesparo à la rafle rosée, qui lui fait donner le nom de côte rouge. Dans celui-ci les grains sont plus clairs et de plus petite dimension. C'est un excellent raisin d'un goût très-sucré, très-productif, même sur les coteaux : il produit un vin un peu plat.

Ce cépage doit être recommandé à cause de sa précocité. Il est connu sous un grand nombre de désignations.

Dans le Gers, grand vesparo et côte rouge. Dans les cantons de Samatan et de Lombez, c'est le *rougeant*. Le grand vesparo est le *quillot* à Marciac et à Miélan ; le *pied rouge* à Condom.

C'est le *côt, côt rouge, pied de perdrix et côte rouge* dans les vignobles du centre. Dans Indre-et-Loire, comme dans le Gers, on distingue deux variétés, le *côt à queue rouge* et le *côt à queue verte*. Dans le Lot, c'est le *gros auxerrois* et le *fin auxerrois*.

Dans la Chalosse (Landes et Basses-Pyrénées, il est désigné sous le nom de *clabier* ou *claverie*.

Dans la Gironde, *Malbeck, noir de Pres sac* et estrangé. En Savoie, *douce noire*. Dans la Dordogne, le côt vert est le Saint-

Rabier ; le côt rouge, la *douce noire*. Grand côt rouge, Mérillat à Nérac. *Périgord* à Saint-Amand (Cher). *Le franc Moreau* à Bourges.

Le vesparo paraît le cépage le plus nombreux de tous ceux qui sont cultivés en France, et le meilleur des cépages du Gers.

Le comte Odart dit en parlant de ce cépage :

« Dans la partie du département que j'habite, entre le Cher et l'Indre, nous donnons exclusivement la préférence au côt[1]. »

Les viticulteurs de la Gironde sont loin de partager cet avis ; en effet, nous lisons dans l'ouvrage de M. Rendu[2] :

« Le Malbeck donne un raisin précoce ,

1. *Ampélographie universelle*, p. 22.
2. *Ibid*, p. 398.

très-doux, très-savoureux, mais qui, outre
sa disposition à tourner à la pourriture
quand il est arrivé à son point de maturité, produit un vin léger auquel on repro-
che de manquer de qualité, dans les terrains gras surtout; c'est ce qui explique
pourquoi ce cépage n'est admis qu'avec
restriction dans les grands crus du Médoc;
il en occupe les bas-fonds et n'entre jamais
que dans les seconds vins. »

Nous ne terminerons pas cette notice
sans faire connaître l'opinion de M. d'Armailhacq [1], conforme à celle de M. Rendu :

« Dans le Médoc, on ne le recherche (le
Malbeck) que pour son abondance, et il est
relégué dans les vignobles de second ordre
ou n'est admis dans les premiers qu'en petite quantité. » Taille longue, cépage
robuste.

1. *Culture de la Vigne*, p. 51, 3e édit.

3° Le *Bouchalès* ou *queuefort* porte aussi les noms de *Cendron* ou *bracelet-oreillut*, grand et petit *Lectourois*, *Chalosse noire*, *Mourastel* à Samatan; *Queuefort* à Mirande; *Petit Mansain* et *Lectourois* à Montesquiou; *Lussan*, dans le sud-ouest du Gers. C'est un plant très-répandu dans le fameux vignoble de Buzet (Lot-et-Garonne). Le pédoncule de ce raisin est très-fort et ne peut être détaché du sarment avec la main : il faut se servir d'un instrument tranchant, queuefort. Dans la partie supérieure de la rafle, ce raisin a plusieurs oreilles ou parties de grappe distinctes et qui ressemblent à des raisins superposés, de là le nom d'oreillut. Ce sont les deux caractères distinctifs du queue-fort.

4° Le *Grand Mansain* ou *Tannat*, *Mansain Tannat*. Très-productif en hautins, plant très-colorant. *Tanat*, Hautes et Basses-Pyrénées. Plant du vignoble de Madiran. Taille longue. Cépage robuste.

5° Le *petit Mansain* ou *plant Ajaçat*, *Pied-de-Mulet* à Fleurance, Julian.

Ce cépage, très-productif, facile à reconnaître à la manière dont il jette ses pampres très-près de terre, a été le premier atteint par l'oïdium en 1853. Il est très-répandu dans le sud et le sud-ouest du département. Il était cultivé en vignes basses, piquetées et tendues, taillé avec une ou deux branches à bois et une branche à fruits ou courréjade. On le repousse aujourd'hui de toutes les plantations.

Dans les cantons de Lombez et Samatan, et dans quelques cantons de la Haute-Garonne, chose digne de remarque, ce plant est peu sujet à l'oïdium et donne d'excellents produits; il est connu sous le nom de *Julian.*

6° La *Malvoisie noire,* ou *pinot noir.* Cépage très-peu répandu.

7° Le *Grenache* ou *Mérille daouzéro, Grèce noire, Grèce rouge, Grenache* ou *Guernatche.* Raisin craquant, *Bourroun blanc.* Mérille ou Morillon.

« Surtout cultivez avec affection le gre-« nache, si propre à faire un délicieux « rancio, et également propre à se popula-« riser en vin sec ou d'entremets sur les « tables délicates[1]. »

« Grenache ou mieux Granache[2]. »

Mérille ou *Morillon. Plant de Bordeaux* à Jugun. A Toulouse, c'est le *Bordelais.* Deux variétés : *Grosse Mérille* et *petite Mérille ;* connu également sous le nom de Mérille. L'une des meilleures es-

1. Odart, p. 611. — 2. Odart, p. 510.

pèces du pays. — Cépage robuste. Taille longue.

8° Le *Négret, Morillon, Négrette.* Espèce très-peu répandue; peu fertile, petit raisin.

9° Le *Pienc* ou *Piec*, appelé aussi le herrant, grand et petit herrant.

Les grains de ce raisin sont très-petits, très-serrés dans la grappe; ils sont recouverts d'une couleur bleuâtre et grisâtre à la fois. Très-productifs en hautins. Plant très-colorant. Cépage robuste. Taille longue.

10° Le *Piquepout rouge* ou *éclate tonneau*, le *sans-pareil, gros piquepoule rouge, gros Morastel* à Lombez. La feuille de ce cépage est à cinq lobes et dentelée. Le grain de ce raisin est peu foncé, rosé et transparent.

11° Petit *piquepout rouge, petit Morastel*. Maturité tardive.

12° Le *Marocain, prunella, poupe de*

Crabe. Grains ovoïdes et très-gros. *Pru-nelas* à Toulouse et à Montauban ; *Cala-bre* à Marmande. Le marocain est un ex-cellent raisin de table. Espèce à pro-pager.

13° Le *Teinturier* ou plant *d'Orléans tintoun*, tintous ; c'est un plant très-colo-rant, désigné sous le nom de *gros noir* dans les vignobles du centre. La couleur vineuse de ses feuilles le fait parfaitement reconnaître.

14° La *Chalosse noire, plant de Gail-lac*, chalosse noire.

15° Le *Guillan* ou *Muscat noir*. Peu répandu dans le département ; connu dans les beaux vignobles du canton de Fleu-rance. Cultivé dans les jardins seulement.

§ II. Cépages roses ôu gris, ou de coulenr intermédiaire.

16° Le *Pinot gris, Griset, Malvoisie*

grise, Saussé gris à Lectoure. C'est le *pinot gris* décrit par M. Rendu. Il offre beaucoup beaucoup d'analogie avec le Sauvignon blanc de la Gironde, employé pour la confection des vins de Sauterne et de Barsac.

17° *Mauzac rose.* Cépage très-peu répandu.

18° *Grèce rose,* appelé aussi le Mauvezin; *Grèce rose* et *Saussé gris* à Fleurance; grenache grise à Lombez. Peu répandu.

19° *Plant rose de Céran.* Ce cépage, que l'on prendrait au premier aspect pour un chasselas rose dont les grains sont assez peu développés, se trouve dans les vignobles de M. Ch. Doat, à Fleurance.

20° *Alicante gris* ou *Terret bourret* du Languedoc.

21° Le *Grand Mauzac, Mauzac blanc,*

Mauzac vert et le *petit Mauzac*. Excellente espèce très-productive; raisin craquant, à grains allongés. Ce cépage se taille à courroie. C'est le *pulsart* du Jura, le *pouacre* de la Haute-Marne.

22° Blanquette, *blanquette grise* ou *grande blanquette*, *blanquette grasse*, *blanquette alabassade* à Fleurance, *blanquette commune*.

23° *Petite blanquette*, *plant de Limoux* à Jegun. Une des meilleures espèces du pays.

24° *Piquepout* ou *Piquepoule*, *plant de Madame*, *Piquepout* d'Armagnac, *chalosse blanc* à Lectoure, *plant de dame* à Marciac et à Mirande; c'est la *folle blanche* des Charentes et de la Dordogne; l'*enratgeat* de la Gironde. Il forme la base de tous les vignobles d'Armagnac.

Ce cépage peut être recommandé comme

produisant des vins alcooliques pour chau-
dières. Le *piquepout* est le cépage le plus
rustique de la région du Sud-Ouest. Il a
résisté à l'oïdium beaucoup mieux que
les autres. Cépage robuste. Taille courte.

Le lecteur nous saura gré de placer ici
les pesées glucométriques des neuf années
(1863 à 1871) de la folle blanche ou piquepout, d'après le glucomètre ou pèse-
moût du docteur J. Guyot.

OBSERVATIONS ET NOTES PERSONNELLES.

ANNÉES.	1863.	1864.	1865.	1866.	1867.	1868.	1869.	1870.	1871.
Degré de Baumé.	10 1/2	11	13	10	10	13 1/4	11	13 1/2	10
Sucre de raisin. Centième au poids.	18	19	22 1/4	17	18	22 1/2	19	24	17
Alcool à produire. Centième le litre.	11 1/2	12	14 1/4	11 1/2	11 1/2	14 1/2	12	15 1/2	11 1/2

25° Le *clairet*, appelé aussi *aube-cla*,

clarette, clairette, claret, grand et *petit clairet*. Grains clairs, espacés, transparents. Excellent cépage très-productif.

26° Le *Jurançon* ou plant *quillat*. Ses sarments relevés le font parfaitement reconnaître. C'est le *quillat* du Jura (Odart) Cépage robuste. Taille courte.

27° L'*Attrape-gourmand, Trompe-valet, Régaloboué, Guinlan* à Condom; *Pichous* en Armagnac; *Cagnas* à Cazaubon et *Cagniou* à Plaisance. Espèce d'une production abondante, très-agréable à l'œil, mais d'un goût âpre.

28° L'*œil de tour, Menlet, chalosse*. A Fleurance on distingue le *grand* et le *petit œil de tour*. Le petit est appelé *Mellet*.

29° *Malvoisie* ou *Muscadelle, vesparo blanc, bresparo* à Plaisance, *bèsparo* à Mauvezin, *Ambroisio* à Marciac, *Muscat* en Armagnac, *Muscadelle* d'après M. Rendu. *Angélicot* dans le Lot-et-Garonne.

Raisin très-sujet à la coulure; grains inégaux. Quelques-uns développés à côté de grains très-petits.

30° *Grèce blanc, plant de Grèce blanc* ou *blanc de Grèce* ou *Grenache blanc* (voir n° 7, page 129).

31° Le *Verdet, plant verdet* ou *Mauzac-pélut, verdet-blanc, blanc verdet, pinot verdet :* c'est l'*Orbois* ou l'*Arbois* de Loir-et-Cher.

32° Le *Sauvignon.* Excellent raisin, très-parfumé, grains serrés, craquants et ovales. *Sauvignon* à Mirande et à Plaisance, *punéchiou* à Condom, *douce blanche* dans la Dordogne.

VI

Classifications géographiques des cépages du Gers.

Il ne sera pas sans intérêt d'ajouter à cette étude synonymique une classification des cépages du Gers.

Nous diviserons le département en trois zones bien distinctes.

Dans la première, comprenant le nord, le centre, l'est et le sud, on cultive presque tous les cépages rouges, roses et blancs, que nous venons d'énumérer, le grand tannat excepté. Cette zone comprend les vallées de l'Osse, de la Baïse, du Gers, de la Gimoue, de l'Arratz et de la Save, où se produisent les vins d'ordinaire du Gers.

La deuxième zone, formée de la partie sud-ouest du Gers (vallées du Bouës, de l'Arros et de l'Adour), cultive les espèces qui fournissent les vins de coupage ou très-colorés, le grand tannat ou mansain tannat, le petit mansain, le vesparo ou quillot.

Dans la troisième, qui comprend l'ouest et le nord-ouest du département (Bas-Armagnac, Ténarèze et Haut-Armagnac), le cépage le plus répandu est le picque-poule ou folle blanche. A côté de ce cépage on trouve aussi le clairet, l'attrape-gourmand et la malvoisie ou muscadelle, muscat blanc.

VII

Convient-il de cultiver un grand nombre d'espèces de cépages?

En voyant la grande variété de cépages cultivés dans le département du Gers, les viticulteurs se demandent si la qualité du vin produit par un nombre plus restreint de cépages ne serait pas préférable ? Nous penchons pour l'affirmative.

En voici la raison grave et sérieuse. Une condition entre toutes est essentielle à la bonne fabrication du vin : les raisins doivent être mûrs. Or, comment serait-il possible que des cépages très-nombreux arrivassent simultanément à un degré parfait de maturité au jour fixé pour la vendange. C'est impossible. Il faudrait donc faire la cueillette de chaque cépage séparément et à plusieurs reprises. Cette méthode, que l'on devrait adopter si les prix étaient toujours rémunérateurs, augmenterait la main-d'œuvre, et les vignerons ne seraient pas toujours dédommagés de leurs frais de culture et de ce surcroît de dépenses. Mais il semble qu'on se ravise aujourd'hui. Le vigneron ne confie plus au sol qu'un nombre très-limité d'espèces les mieux choisies.

D'après M. Odart, « il faudra donc s'en

« tenir à l'association des espèces que
« l'expérience a démontrées pouvoir être
« réunies avec avantage. Cette association
« ne devra guère être que de deux, trois
« ou quatre cépages différents. »

Dans la Côte-d'Or et dans les meilleurs vignobles de France, le vin ne provient que d'un nombre restreint de variétés. Le *pineau* noirien, seul, constitue depuis le neuvième siècle les vins fins de la Bourgogne. A Champuis, près de la Côte-Rôtie, le *vionnier*, cépage blanc, occupe un tiers et la *sérine noire* les deux autres tiers.

Dans le Médoc, on cultive spécialement cinq ou six espèces rouges d'un mérite incontestable : 1° Le gros *cabernet* ou *carmenet* ou *grosse vidure*, 2° la *cabernelle* ou *carmenère*, 3° le *cabernet sauvignon* ou *petite vidure*, 4° le *merlau* ou *merlot*, appelé aussi *vitraille*, 5° le *malbec* ou *côte rouge* et 6° le *verdot*.

Dans le Gers, au contraire, dans la partie sud, dans le centre et l'est du département, la moitié au moins des cépages des vignobles plantés depuis longues années, possède plus de vingt espèces rouges. Trop heureux encore si des cépages blancs ne se trouvent pas à travers cette mêlée générale pour augmenter la confusion. Dans les anciennes vignes du pays, les cépages se trouvent pêle-mêle ; dans les nouvelles plantations, en général, le vesparo occupe une moitié, le mérille, le queue-fort et le piec occupent l'autre moitié.

Le Gers possède quelque espèces qui méritent d'être cultivées avec le plus grand soin. Elles sont acclimatées et produisent d'excellents vins d'ordinaire lorsqu'ils sont bien soignés ; ainsi nous citerons :

DANS LES CÉPAGES ROUGES.

1° Le grand vesparo ou côt à queue verte.
2° Le petit vesparo ou côt rouge.
3° Le grenache ou mérille.
4° Le pienc.
5° Le Bouchalès ou Queuefort.

Et pour les vignerons qui apprécient la couleur :

6° Le grand Mansain—Tannat.

DANS LES CÉPAGES BLANCS.

1° Le Jurançon ou Quillat.
2° Le Clairet.
3° Le grand Mauzac.
4° La Blanquette.
5° Pour les vins de chaudière le piquepout ou folle blanche.

VIII

Dans notre département, l'introduction des cépages étrangers a été tentée sur une vaste échelle. M. le baron de Marignan, notre très-regretté et très-digne président de la Société d'agriculture et de viticulture

de l'arrondissement de Mirande, a planté
dans le canton de Montesquiou 18 ou
20 hectares de vignes des plus fins cépages
du Médoc et de Saint-Émilion. Un succès
complet a couronné de si louables efforts.
Une brochure[1] a initié le public vinicole
à tous ces intéressants travaux. Cet exemple doit être suivi. Les cépages bordelais
s'accommodent très-bien du sol et du climat
du Gers, et tous ceux qui ont dégusté les
vins qu'ils y produisent ont reconnu leur
supériorité sur les vins provenant des cépages du pays.

Nous avons vu aussi d'autres innovations
de ce genre sur plusieurs points de notre
département. Mais pourquoi sont-elles
moins connues des intéressés ?

Partout les vignerons ont reconnu la nécessité de réformer leurs cépages médiocres ou infertiles.

1. Publiée en mars 1859.

L'essai que nous avons tenté le premier dans le département du Gers et qui doit être perfectionné, sera bientôt l'œuvre particulière de chaque société viticole. L'ensemble de ces travaux fournira de précieux documents à l'ampélographie générale.

La Société des agriculteurs de France conduira cette entreprise à bonne fin, car des propositions, dans ce sens, ont reçu l'accueil le plus favorable[1].

1. Voir l'Annuaire de 1869 de la Société des agriculteurs, page 397, et celui de 1870, page 398.

TABLEAU SYNONYMIQUE

DES

CÉPAGES DES DIVERS CANTONS DU DÉPARTEMENT DU GERS.

NOMENCLATURE.	CANTON D'AUCH (SUD). — M. Isidore Sémont.
Cépages rouges.	
1. Vesparo rouge.	1. Grand vesparo (on le reconnaît à sa rafle verte).
2. Côte rouge.	2. Vesparo à petits grains (rafle rouge).
3. Bouchalés-Queuefort.	3. Cendron ou bracelet, oreillut.
4. Grand Mansain-Tannat.	4. Inconnu.
5. Petit-Mansain. Plant ajaçat.	5. Julian, plant ajaçat (grand et petit).
6. Malvoisie noire.	6. —
7. Grenache. Grèce noire ou (Mérille).	7. Grenache, Grèce noire ou mérille.
8. Négret.	8. Négret.
9. Pienc ou herrant.	9. Pienc, herrant.
10. Grand piquepout rouge.	10. Grand piquepout rouge.
11. Petit piquepout rouge.	11. Petit piquepout rouge.
12. Marocain.	12. Marocain.
13. Teinturier.	13. Tintou ou tinturier.
14. Chalosse noire.	14. Queuefort.
15. Muscat noir.	15. Peu connu.

Cépages gris ou roses ou de couleur intermédiaire.

NOMENCLATURE.	CANTON D'AUCH (SUD).
16. Malvoisie grise.	16. Peu connu.
17. Mauzac rose.	17. Mauzac rose.
18. Grèce rose.	18. Le Mauvezin.
19. Plant rose de Céran.	19. —
20. Terret bourret.	20. —

Cépages blancs.

21. Mauzac.	21. Mauzac blanc.
22. Blanquette grande.	22. Blanquette grise ou grande blanquette, plant de dame.
23. Petite blanquette.	23. Petite blanquette.
24. Piquepout.	24. Piquepout, blanquette commune.
25. Clairet.	25. Clairet.
26. Jurançon, Quillat.	26. Jurançon.
27. Attrape-gourmand.	27. Régaloboué.
28. Œil de tour.	28. Menlet ou chalosse.
29. Malvoisie.	29. Malvoisie.
30. Plant de Grèce blanc.	30. Grèce blanche.
31. Verdet.	31. Plant verdet ou Mauzac pélut.
2. Sauvignon.	32. Sauvignon.

CANTON D'AUCH (NORD).   CANTON DE GIMONT. — M. Léon
    M. Laffitte de Craste.   Bonnemaison.

Cépages rouges.

Côte rouge.	1. Côte rouge.
Côte rouge (sans distinction)	2. Côte rouge.
Cendron ou bracelet oreillut.	3. Herrant.
4. Inconnu.	4. Inconnu.
5. Pied de Mulet.	5. Pied de Mulet.
6. Inconnu.	6. Malvoisie noire.
7. Grenache ou daouzère.	7. Grèce noire ou mérille.
8. Négret.	8. Peu répandu.
9. Herrant.	9. Piec.
10. Grand piquepout rouge.	10. Grand piquepout rouge.
11. Petit piquepout rouge.	11. Petit piquepout rouge.
12. Marocain.	12. Marocain.
13. Tintous.	13. Teinturier.
14. Queuefort, houeillard, braoucot.	14. Queuefort, houeillardon, braoucôt.
15. Inconnu à Auch (nord).	15. —

Cépages gris ou roses ou de couleur intermédiaire.

16. Peu connu.	16. Malvoisie grise.
17. Mauzac rose.	17. Mauzac rose.
18. Mauvezin. Grèce rose.	18. Grèce rose.
19. —	19. —
20. —	20. —

Cépages blancs.

21. Grand mauzac.	21. —
22. Blanquette.	22. Blanquette grise.
23. —	23. Petite blanquette.
24. Piquepout.	24. —
25. Clairet ou aube cla.	25. Aube cla ou clairet.
26. Jurançon, plant quillat.	26. Jurançon, plant quillat.
27. Attrape-gourmand.	27. —
28. Œil de tour, Meulet.	28. Menlet.
29. Muscadelle, Malvoisie.	29. Muscadelle, Malvoisie.
30. —	30. —
31. Verdet.	31. Verdet.
32. Sauvignon.	32. Sauvignon.

CANTON DE JEGUN. — M. Lefèvre.

CANTON DE SARAMON.
M. de Brux.

Cépages rouges.

1. Côt rouge à rafle verte.	1. Côt rouge ou vesparo.
2. Petite côte rouge (rafle rouge).	2. Côt rouge ou petit vesparo.
3. Petit Lectourois.	3. Grand herrant.
4. Inconnu.	4. Inconnu.
5. Plant de Gaillac.	5. Pied de Mulet.
6. —	6. Inconnu.
7. Plant de Bordeaux du Mérille	7. Grèce, grenache, daozère.
8. —	8. Peu connu.
9. Peu connu.	9. —
10. Peu connu.	10. Grand piquepout rouge.
11. —	11. Petit piquepout.
12. —	12. Marocain ou prunella.
13. Teinturier.	13. Tintou.
14. —	14. Queuefort.
15. Peu connu.	15. Peu connu.

Cépages gris ou roses ou de couleur intermédiaire.

16. Chauché gris.	16. Griset.
17. —	17. Mauzac rose.
18. —	18. —
19. —	19. —
20. —	20. —

Cépages blancs.

21. Mauzac.	21. Mauzac blanc.
22. —	22. Blanquette grasse.
23. Plant de Limoux.	23. Petite blanquette.
24. Piquepout, plant de dame.	24. —
25. Clairet.	25. Clairet.
26. Jurançon, plan quillat.	26. Jurançon.
27. Attrape-gourmand.	27. Régaloboué.
28. Œil de tour.	28. Menlet.
29. Malvoisie.	29. Malvoisie.
30. Plant de Grèce blanc.	30. —
31. Verdet.	31. Verdet.
32. Sauvignon.	32. Sauvignon.

CANTON DE VIC-FÉZENSAC.
M. Tristan de Gauran.

CANTON DE CONDOM.
MM. Charles Labat et Sentex.

Cépages rouges.

1. Grand vesparo.	1. Pied rouge ou côte rouge à rafle verte.
2. Petit vesparo.	2. Petit pied rouge, côte rouge à petits grains, à rafle rouge.
3. Lectourois (grand et petit).	3. Lectourois, caucade ou bouchalès.
4. Inconnu.	4. Peu répandu (grand Mansain).
5. Julian.	5. Plant ajaçat, peu répandu.
6. Peu connu.	6. Pinot, peu répandu.
7. Grèce rouge ou mérille.	7. Grèce noire ou mérille.
8. —	8. —
9. Petit herrant.	9. Piec ou herrant.
10. Peu connu.	10. Grand piquepout rouge.
11. —	11. Petit piquepout rouge.
12. Marocain ou poupe de Crabe.	12. Marocain ou poupe de Crabe.
13. Tintou.	13. Tintou, peu répandu.
14. Plant de Gaillac.	14. Plant de Gaillac.
15. Peu connu.	15. Peu connu.

Cépages gris ou roses ou de couleur intermédiaire.

16. Griset.	16. Griset ou sauvignon gris, peu répandu.
17. —	17. —
18. Inconnu à Vic-Fézensac.	18. Inconnu à Condom.
19. —	19. —
20. —	20. —

Cépages blancs.

21. —	21. Mauzac vert, peu répandu.
22. —	22. —
23. —	23. Blanquette de Limoux, peu répandu.
24. Piquepout.	24. Piquepout d'Armagnac.
25. Clairet, aubecla.	25. Clairet.
26. Jurançon.	26. Jurançon.
27. —	27. Guinlan.
28. Œil de tour.	28. Œil de tour.
29. Malvoisie.	29. Muscadelle ou malvoisie.
30. Plant de Grèce blanc.	30. Grèce blanc.
31. —	31. Plant verdet.
32. Peu connu.	32. Punéchiou.

———

CANTONS D'EAUSE ET MONTRÉAL (Ténarèze). — M. Alfred de Lavergne.

CANTONS DE CAZAUBON ET NOGARO (Bas-Armagnac). — M. le comte de Villeneuve.

Cépages rouges.

1. Côte rouge, à rafle verte.	1. Mansain, côte rouge.
2. Pied rouge, à rafle rouge.	2. Cep fort.
3. —	3. Mansain.
4. —	4. Inconnu.
5. —	5. —
6. —	6. —
7. Mérille.	7. —
8. —	8. —
9. —	9. —
10. —	10. —
11. —	11. —
12. —	12. —
13. —	13. —
14. —	14. —
15. —	15. —

Cépages gris ou roses ou de couleur intermédiaire.

16. —	16. —
17. —	17. —
18. —	18. —
19. —	19. —
20. —	20. —

Cépages blancs.

21. Mérille.	21. Inconnu.
22. —	22. —
23. —	23. —
24. Piquepout deux variétés.	24. Piquepout.
25. Clairet.	25. Clairet.
26. Jurançon.	26. —
27. —	27. Cagnas à Cazaubon.
28. —	28. —
29. Muscat.	29. Muscat.
30. —	30. —
31. —	31. —
32. Inconnu.	32. Inconnu.

CANTON DE VALENCE. M. A. Salle-Estradère.	CANTONS DE SAINT-CLAR ET LEC- TOURE. — M. Labat.

Cépages rouges.

1. Grand côte rouge (à rafle verte).	1. Grand côte rouge.
2. Petit côte rouge (à rafle rouge).	2. Petit côte rouge.
3. Bouchalès (petit et grand).	3. Bouchalès.
4. Grand Mansain (peu connu).	4. —
5. —	5. —
6. Peu connu.	6. —
7. Mérille.	7. Mérille.
8. Négret, peu répandu.	8. —
9. Piec.	9. —
10. Grand piquepout rouge.	10. Piquepout rouge.
11. —	11. —
12. Marocain, poupe de Crabe.	12. Marocain.
13. —	13. Teinturier.
14. Plant de Gaillac.	14. Chalosse noire.
15. Peu connu.	15. Inconnu.

Cépages gris ou roses ou de couleur intermédiaire.

16. Griset.	16. Saussègris.
17. Peu répandu.	17. Mauzac rose.
18. —	18. —
19. —	19. —
20. —	20. —

Cépages blancs.

21. Peu répandu.	21. Mauzac blanc.
22. —	22. —
23. Bordelais.	23. —
24. Piquepout, plant de dame.	24. Chalosse blanc.
25. Grand et petit clairet.	25. Jurançon, plant Quillat.
26. Jurançon.	26. —
27. Attrape-gourmand, Guirlan.	27. Attrape-gourmand.
28. Œil de tour.	28. Œil de tour.
29. Muscadelle.	29. Muscadelle.
30. Plant de Grèce.	30. Plant de Grèce blanc.
31. Verdet.	31. Blanc verdet.
32. Peu répandu.	32. Sauvignon.

CANTON DE FLEURANCE.	CANTONS DE MIRADOUX ET MAU-
M. Charles Doat.	VEZIN. — M. Sottum.

Cépages rouges.

1. Grand côte rouge, à rafle verte.	1. Grand côte rouge, à rafle verte.
2. Petite côte rouge, à rafle rouge.	2. Petite côte rouge, à rafle rouge.
3. Bouchalès.	3. Grand Mourastel.
4. —	4. Plant du Mas très-répandu (grand et petit).
5. Pied de mulet.	5. —
6. Malvoisie noire.	6. Malvoisie noire, grenache.
7. Grèce noire, mérille.	7. —
8. —	8. Négret.
9. Piec.	9. Petit mourastel.
10. Grand piquepout rouge.	10. Grand piquepout rouge.
11. Petit piquepout rouge.	11. Petit piquepout rouge.
12. Marocain.	12. Marocain.
13. Peu répandu.	13. Inconnu.
14. Houeillardon ou braoucot.	14. Braoucot.
15. —	15. —

Cépages gris ou roses ou de couleur intermédiaire.

16. Malvoisie grise.	16. —
17. Mauzac rose.	17. Mauzac rose.
18. Grèce rose.	18. Malvoisie grise ou rose.
19. Plant rose de Céran.	19. —
20. Alicante gris ou terret bourret.	20. —

Cépages blancs.

21. Mauzac blanc.	21. Mauzac blanc.
22. Grande blanquette ou blanquette.	22. Blanquette grise.
23. Petite blanquette.	23. Blanquette de dame.
24. Inconnu.	24. Grosse blanquette.
25. Clairet ou Aube-cla.	25. Clairet.
26. Jurançon.	26. Jurançon.
27. —	27. Régaloboué.
28. Œil de tour.	28. Coufidé, œil de tour.
29. Muscadelle.	29. Besparo.
30. —	30. —
31. Ianc verdet.	31. Plant verdet.
32. Sauvignon.	32. Peu connu.

CANTONS DE COLOGNE ET LOMBEZ.
M. De Carsalade.

CANTONS DE L'ISLE JOURDAIN ET SAMATAN. — M. Longayrou.

Cépages rouges.

1. Côte rouge.	1. Côte rouge, rougean
2. —	2. —
3. —	3. Morastel.
4. —	4. —
5. Julian.	5. Julian.
6. Peu connu.	6. Peu connu.
7. Grenache ou mérille.	7. Grenache ou Bernatche ou mérille.
8. —	8. —
9. —	9. —
10. Gros Morastel.	10. Grand piquepout rouge.
11. Petit Morastel.	11. Petit piquepout rouge.
12. Prunella.	12. Prunella.
13. Teinturier.	13. Teinturier.
14. Braoucot.	14. Braoucot.
15. —	15. Peu répandu.

Cépages gris, roses ou de couleur intermédiaire

16. —	16. Inconnu.
17. Mauzac rose.	17. Mauzac rose.
18. Grenache grise.	18. Grenache grise.
19. —	19. —
20. —	20. —

Cépages blancs.

21. Mauzac.	21. Mauzac.
22. Grande blanquette.	22. Grand blanquette.
23. Petite blanquette.	23. Petite blanquette.
24. Plant de dame.	24. Plant de dame.
25. Clairette.	25. Clairette.
26. Jurançon.	26. Jurançon.
27. —	27. —
28. Menlet ou œil de tour.	28. Menlet.
29. —	29. —
30. Blanc de Grèce.	30. Blanc de Grèce.
31. —	31. —
32. Inconnu.	32. Inconnu.

CANTONS DE MASSEUBE ET MIRANDE. MM. Gardés, J. Seillan.
CANTONS DE MIÉLAN ET MARCIAC. M. J. Seillan.

Cépages rouges.

1. Le Vesparo. On distingue le grand Vesparo à rafle verte et le petit Vesparo à rafle rouge.	1. Quillot ou vesparo.
2. Côt rouge ou petit Vesparo.	2. Petit vesparo, côte rouge.
3. Queuefort ou couorouy.	3. Queuefort ou pieuc.
4. Grand Mansain-tanat.	4. Grand Mansain ou Tannat.
5. Plant ajaçat ou petit man-lain.	5. Petit Mansain, plan ajaçat.
6. Pinot ou malvoisie noire.	6. Inconnu
7. Grenache ou mérille.	7. Inconnu.
8. Négret, peu répandu.	8. Peu répandu.
9. La pienc ou piec.	9. Piec ou pienc.
10. Piquepout rouge ou éclate-tonneaux.	10. Peu répandu.
11. Petit piquepout rouge.	11. Idem.
12. Marocain.	12. Peu connu.
13. Plant d'Orléans ou teintu-rier.	13. Tintoun ou teinturier.
14. Peu répandu.	14. Inconnu.
15. Muscat noir, peu répandu.	15. Idem.

Cépages gris ou roses ou de couleur intermédiaire.

16. Le griset.	16. Inconnu.
17. Mauzac rose, peu répan-du.	17. Idem.
18. Grèce rose, peu répandu.	18. Idem.
19. Inconnu.	19. Idem.
20. Inconnu.	20. Idem.

Cépages blancs.

21. Mauzac, grand Mauzac.	21. Peu répandu.
22 Grande blanquette.	22. Idem.
23. Petite blanquette.	23. Idem.
24. Plant de dame.	24. Plant de dame.
25. Clairet.	25. Clairet.
26. Jurançon ou quillat.	26. Inconnu.
27. Attrape-gourmand.	27. Attrape-gourmand.
28. Œil de tour.	28. Œ.l de tour.
29. Malvoisie.	29. Malvoisie-Ambroisio.
30. Grèce blanche.	30. Grèce blanche.
31. Verdet.	31. Verdet.
32. Sauvignon.	32. Sauvignon.

CANTON DE MONTESQUIOU. CANTONS DE RISCLE, AIGNAN ET
MM. Sentex, Abeilhé. PLAISANCE. — M. Durrêchou.

Cépage rouges.

1. Grand côte rouge ou vesparo à rafle verte.	1. Côte rouge Mansain.
2. Petit côte rouge ou vesparo à rafle rouge.	2. Côte rouge.
3. Petit Mansain, Lectourois.	3. Queuefort ou piec.
4. Grand Mansain ou tannat.	4. Grand Mansain tannat.
5. Julian ou plant ajaçat.	5. Petit Mansain.
6. Pinot, peu répandu.	6. Peu connu.
7. Grèce noire ou mérille.	7. Idem.
8. Négrette.	8. Idem.
9. Herran.	9. Queuefort ou piec.
10. Gros piquepout rouge, peu répandu .	10. —
11. Petit piquepout rouge.	11. —
12. Marocain ou poupe de crabe.	12. —
13. Tintoun ou teinturier, peu répandu.	13. Teinturier.
14. Plant de Gaillac.	14. Peu répandu.
15. Peu répandu.	15. Idem.

Cépages gris ou roses ou de couleur intermédiaire.

16. Griset ou Sauvignon gris, peu répandu.	16. —
17. Inconnu.	17. —
18. Idem.	18. Inconnu
19. Idem.	19. —
20. Idem.	20. —

Cépages blancs.

21. Mauzac vert, peu répandu.	21. —
22. —	22. —
23. Blanquette de Limoux, peu répandu.	23. —
24. Piquepout, plant de dame.	24. Piquepout.
25. Clairet.	25. Clairet.
26. Jurançon.	26. Jurançon.
27. Guinlan ou attrape-gourmand.	27. Cagniou.
28. Œil de tour.	28. —
29. Malvoisie.	29. Malvoisie ou bresparo [1] blanc.
30. Grèce blanche.	30. Plant de Grèce blanc.
31. Verdet.	31. —
32. Sauvignon.	32. Sauvignon, peu répandu.

VIGNOBLES DU GERS.

Tableau résumé de la synonymie: Trente-deux espèces, cent trente-sept noms.

CÉPAGES ROUGES.

1° *Vesparo*. Grand vesparo à rafle verte, côte rouge, pied rouge, mansain, côte rouge, rougean, quillot.

2° *Côte-rouge*. Petit côte rouge à rafle rouge ou petit vesparo, pied rouge, petit pied rouge.

3° *Bouchalès*. Queufort, cendron, bracelet ou oreillut, herrant, grand herrant,

1. L'étymologie gasconne du mot bresparo signifie *recherché des guêpes (brespos)*.

petit lectourois, caucade ou bouchalès, grand mourastel, queuefort ou piec.

4° *Grand Mansain-Tannat.* Plant du Mas, grand mansain ou tannat.

5° *Petit Mansain ou plant ajaçat.* Julian, pied de mulet, plant de Gaillac.

6° *Malvoisie noire.* Pinot, grenache.

7 *Grenache ou Mérille.* Grèce noire, Daouzére, plant de Bordeaux, Grèce rouge, grenache ou bernatche, mérille.

8° *Négret.* Négrette. Peu répandu.

9° *Pienc ou herrant.* Piec, petit herrant, petit mourastel, piec ou queuefort.

10° *Grand piquepout ou piquepoule rouge.* Grand piquepout rouge, gros morastel, éclate-tonneau.

11° *Petit piquepout ou piquepoule rouge.* Petit morastel.

12° *Marocain ou prunella.* Poupe de crabe.

13° *Teinturier.* Tintoun, tintous, plant d'Orléans.

14° *Chalosse noire.* Queufort, houeillard, braoucot.

15° *Muscat noir.* Peu répandu.

CÉPAGES GRIS OU ROSES.

16° *Malvoisie grise*. Griset, chauché gris, sauvignon gris.

17° *Mauzac rose*. Peu répandu.

18° *Grèce rose*. Le mauvezin, mauvezin rose, malvoisie grise ou rose, grenache grise.

19° *Plant rose de Céran*. Peu connu, cultivé dans le vignoble de Céran, près Fleurance.

20° *Terret Bourrec*. Peu répandu.

CÉPAGES BLANCS.

21° *Mauzac*. Mauzac blanc, mauzac vert, mauzac blanc et vert, grand mauzac et petit mauzac (deux variétés).

22° *Blanquette*. Grande blanquette, blanquette grise ou plant de dame, blanquette grasse, blanquette de Limoux, blanquette commune.

23° *Petite blanquette*. Plant de Limoux, bordelais, blanquette de dame.

24° *Piquepout ou piquepoule*. Blanquette commune, plant de dame, plant de madame, piquepout d'Armagnac, chalosse blanc, grosse blanquette; c'est la folle blanche des Charentes, l'enratjat de la Gironde.

25° *Clairet*. Aubecla, grand et petit clairet, clairette.

26° *Jurançon*. Plant quillat.

27° *Attrape-gourmand*. Régaloboué, pichous, guinlan, cagnas, cagniou.

28° *OEil de tour*. Menlet ou chalosse, menlet, menlé, coufidé.

29° *Malvoisie*. Muscadelle, muscat, ambroisio, besparo blanc.

30° *Plant de Grèce blanc*. Grèce blanche, blanc de Grèce.

31° *Verdet*. Plant verdet ou mauzac pélut, verdet blanc, blanc verdet.

32° *Sauvignon*. Punéchiou à Condom. Peu répandu.

CHAPITRE XVIII.

Nomenclature des cépages cultivés dans les vignobles de France.

I. RÉGION DU SUD.

CORSE.

Cépages rouges.

Montanacio.
Cargajalonero.
Vermentino.

Cépages blancs.

Genovese.
Biancolella.
Malvasia.
Créminese.
Moscatello.

ROUSSILLON (PYRÉNÉES-ORIENTALES).

Grenache noir.
Carignane.

Mataro ou Mourvède.
Picquepoule.
Clairette.
Muscat.
Maccabeo.
Malvoisie.

LANGUEDOC (AUDE. HÉRAULT. GARD).

Le Carignane ou Mataro.
Le Terret Bourret.
Le Grenache.
L'Aramon.
Le Mourastel.
L'Aspirant ou Ribeyrenc.
L'Œillade.
Le Sinsaou.
La Clairette.
Le Picquepoule noir.
Le Picquepoule blanc.
L'Espar.
Le Furment ou plant de Tokaïprincesse.
Le Muscat rouge.
Le Muscat blanc.

PROVENCE (BOUCHES-DU-RHÔNE. VAR.
BASSES-ALPES).

Cépages rouges.

Le Mourvède.
Le Catalan.

L'Aramon.
Le Grenache.
Le Tibouren.
Le Bouteillan.
Le Pécouitouar.
Le Brun fourca.
Le Teoulier.
Le Pascal noir.
Les Barbaroux.

Cépages blancs.

Le Pascal blanc.
L'Uni blanc.
La Clairette.
Le Colombaud.
L'Araignan.
Le Mayorquin.
Le Pansan.
Les Muscats.

2. RÉGION DU SUD-EST.

PARTIE NORD DU GARD. VAUCLUSE. HAUTES-ALPES.
ALPES-MARITIMES. SAVOIE. DRÔME. ARDÈCHE.
LOIRE. ISÈRE.

CÔTES DU RHÔNE.
Cépages rouges.

Picquepoule.
Le Terret.

Le Piran.
Le Camavèze.
Le Grenache ou Alicante.
L'Uni noir.
La Bourboulenque.

Cépages blancs.

La Clairette.
Le Calitor.
L'uni blanc.
Picardan.

VAUCLUSE.

Cépages rouges.

Le Grenache.
Le Picpoule.
Le Tinto.
Le Terret noir.
Picardan.

Cépages blancs.

Clairette.
Uni.
Muscat.
Pascal blanc.
Bourboulenque.

HAUTES-ALPES.

Cépages rouges.

Le Mollard.
Le Plant du Four.
L'Espagnin ou Pis de Chèvre.

ARDÈCHE.

Cépages blancs.

Petite et Grosse Roussette, formant le vin mousseux de Saint-Péray, le Champagne du Midi.

Picpoule.

Sirrah.

DRÔME (L'HERMITAGE).

Cépages rouges.

Grosse et Petite Sirrah.

Cépages blancs.

Roussanne.

Marsanne.

Grenache.

Tinto.

Terret noir.

Picquepoule.

Clairette.

Colombaou.

Blanquette.

LYONNAIS (RHÔNE).

Côte-Rôtie.

Le vionnier, cépage blanc.

La Sérine noire.

3. RÉGION DE L'EST.

RHÔNE ET SAÔNE-ET-LOIRE. MACONNAIS.
CÔTE CHALONNAISE.

Cépages   rouges.

Petit Gamai, appelé bon plant; plants de la Dombe, Gamai Picard, Gamai Nicolas.

Persagne..

Pinots.

Cépages blancs.

Chardenet.

Pinot blanc.

Pinot.

Beurot ou Pineau gris.

Gamai, Giboudot.

Malain ou plant d'Abraham très-fertile, grossier.

HAUTE BOURGOGNE (CÔTE-D'OR).

Le Noirien. Le type et le meilleur de tous. Le Clos-Vougeot en est presque entièrement planté. Le noirien est appelé aussi le franc pinot ou pinot noir.

Chardenay ou pinot blanc.

Gamai blanc.

Franc gamai.

Gamai de montagne.

L'alligotay.

Le Melon.

BASSE BOURGOGNE. YONNE. AUXERROIS.
AVALLONAIS.

Noirien ou franc pineau.
Beaunois.
Lombard.
Verrots ou tresseaux.
Pinot gris ou buriaux ou burots ou beurot.
Tresseau.
Le Romain.
Grand et petit Vérot.
Pinots noir et blanc.
Vérot mousseux.
Houche cendrée ou pinot gris.
Epicier.
Plant du Roi.

BASSE BOURGOGNE, AUBE. CÔTE DES RICEYS.

Pineau noir à petits grains.
Pineau blanc.
Pineau gris ou burets.
Pineau à grandes feuilles.
Pineau à feuilles découvertes.
La Sévigné rouge.
Le Noirien.
Le Troyen.

JURA.

Noirien ou Savagnin noir.

Gamai noir.
Gamai blanc ou melon de Poligny.
Poulsard.
Le trousseau.
Savagnin jaune.

ALSACE (HAUT ET BAS RHIN).

Le gentil aromatique.
Le gentil blanc.
Le gentil gris et rose.
Tokaï gris.
Pineau noir.
Petit Riesling.
Le Knipperlé.

MEURTHE.

Petit noir ou pineau.
Grosse race noire.
Ericé noir ou Liverdun.

MOSELLE.

Pineau
Petit noir.
Auxois gris.
Vert noir.
Gros bec.
Aubin blanc.
Aubin vert.

MEUSE.

Pineau.

Vert plant.

CHAMPAGNE.

Plant doré d'Ay ou franc Pineau.
Plant vert doré.
Plant gris.
Meunier.
Gouais.

HAUTE-MARNE.

Le Pineau.
Le Bourguignon.
Le Parisien.

LOIR-ET-CHER.

Le Lignage.
L'Auvergnat.

NIÈVRE.

Le Blanc fumé.
Le Sauvignon.
Le Muscadet.

PUY-DE-DÔME.

Le Lyonnais.
Le Gamai.
Le Négron ou Noirien.

4, RÉGION DE L'OUEST.

.INDRE-ET-LOIRE.

L'Orléans ou petit Arnoison.

Malvoisie.
Cot ou Auxerrois.
Le Meunier.
Le Grolot.
Le pinot blanc.
Le Breton.
Gros pineau blanc.
Menu pinot blanc.

MAINE-ET-LOIRE (Anjou).

Le Breton.
Le Cot rouge.

CHARENTE ET CHARENTE-INFÉRIEURE.

La Folle blanche.
Colombar.
Chalosse.
Gros blanc.
Le Balzac.

5. RÉGION DU SUD-OUEST.

GIRONDE, MÉDOC.

Le Cabernet sauvignon ou petite Vidure.
Le Franc cabernet ou Cabernet gris.
Le Merlot.
Le Malbec noir de Pressac, Cot rouge, Estrangé et Pied de perdrix.
Le Verdet.

Le Cruchinée.
La Carmenère ou Grosse Vidure.

SAINT-ÉMILION.

Noir de Pressac.
Merlot.
Bouchet et Cabernet.

DORDOGNE. BERGERAC.

Cépages blancs.

Le Muscade ou Muscat fin.
Le Blanc sémillon.

Cépages rouges.

Côt ou Auxerrois.
Le Carmenet.
Le Verdot.
Le Picpoule.
Le Fer.
Le Périgord.
Le Navarre.

LANDES (vins des sables de Cap-breton).

Le Capbreton.
Le Cruchon.
Le Bordelais.
Le Picpoule.

BASSES-PYRÉNÉES.

Jurançon.
L'Arrougat.

Le Bouchi.
Le Tannat.
Le Mausenc noir et blanc.

HAUTES-PYRÉNÉES (Madiran.)

Le Mansenc.

GERS et ARMAGNAC.

Voir les noms des cépages du Gers et de l'Armagnac à la synonymie ci-dessus.

HAUTE-GARONNE (à Fronton et Villandric).

Le Bordelais.
La Chalosse.
Le Négret.
Le Mauzac.

TARN.

Le Duras.
Le Taloche.
Le Mauzac.
Le Muscat.
Le Prunelard.

TARN-ET-GARONNE.

Le Morillon.
Le Bordelais.
Le Fer.
Le Perpignan.

La Blanquette.

La Clairette.

Le Mauzac blanc.

LOT.

L'Auxerrois à côte verte.

L'Auxerrois à côte rouge.

La Blanquette.

La Clairette.

Le Sémillon.

Le Taloche.

Le Mauzac.

Le Rouxallin.

LOT-ET-GARONNE.

Cépages blancs.

Le Sémillon gros et petit.

Le Cruchin.

L'Œil de tour.

Chalosse grosse et petite.

Muscat.

Les cépages roses sont à peu de chose près ceux du Gers. On signale des introductions fort heureusement réussies des cépages bordelais dans ce département.

FIN.

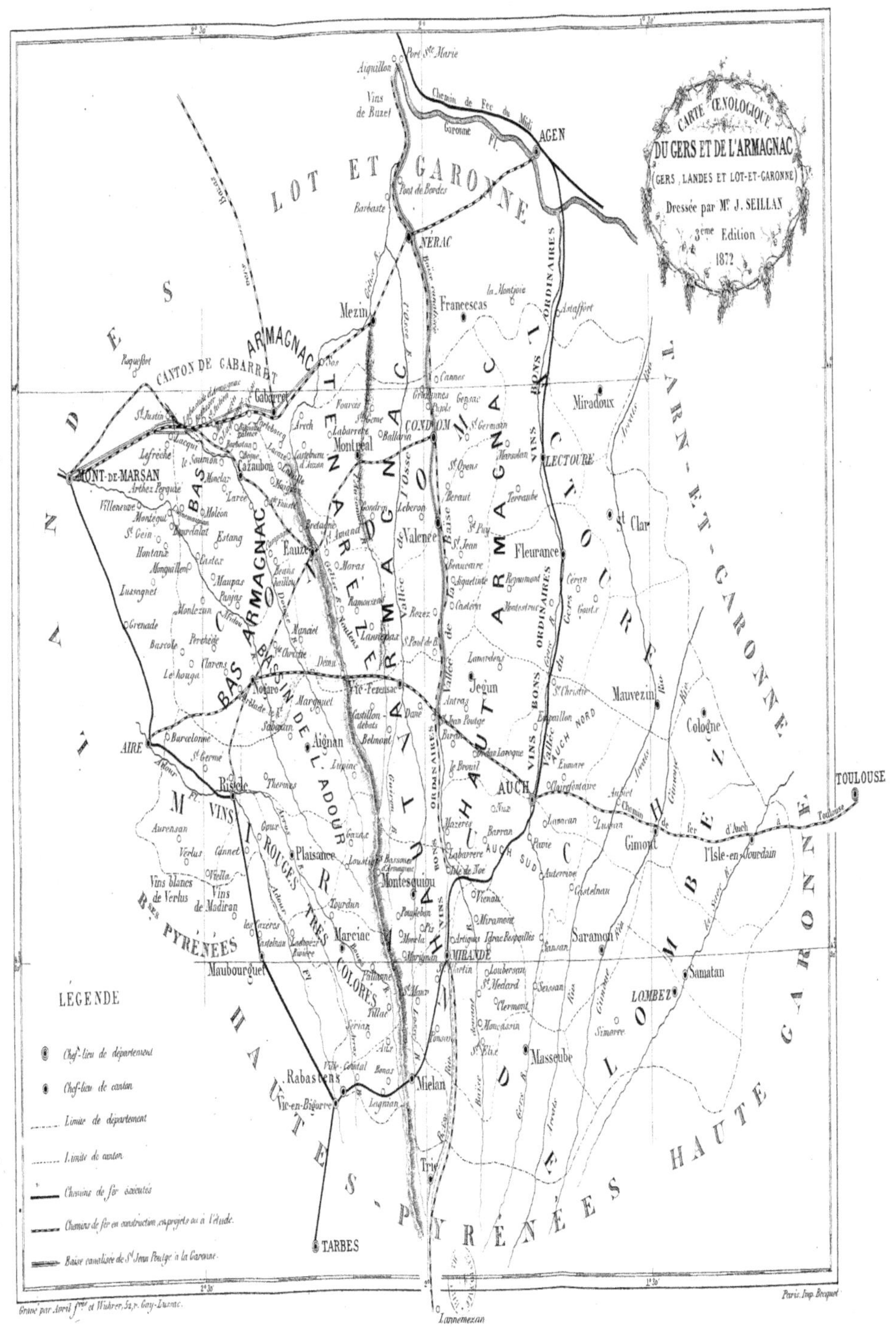

CARTE ŒNOLOGIQUE
DU GERS ET DE L'ARMAGNAC
(GERS, LANDES ET LOT-ET-GARONNE)
Dressée par Mr J. SEILLAN
3ème Edition
1872
LOT ET GARONNE
LANDES
TARN-ET-GARONNE
Vins de Buzet
AGEN
Port Ste Marie
Aiguillon
Chemin de Fer du Midi
Garonne
Pont de Bordes
Barbaste
NERAC
Mezin
la Montjoie
Francescas
Astaffort
CANTON DE CABARRET
ARMAGNAC
Roquefort
Gabarret
St Justin
Cannes
Genac
Pupis
Miradoux
CONDOM
St Germain
Arech
Labarrère
Ballario
Montreal
LECTOURE
Lefrèche
Cazaubon
St Clar
MONT-DE-MARSAN
Arthez Perquie
Larée
Moncla
St Orens
Villeneuve
Montégut
Molcon
Beraut
Terraube
St Gein
Bourdalat
Estang
Eauze
Fleurance
St Clar
Hontanx
Laster
Maupas Panjas
Moras
Leberon
Valence
St Jean
Beaucaire
Regoumont
Ceran
Gaut.r
Lussagnet
Montezun
Perchède
Manciet
Rozez
St Pol de B.
Montestruc
Grenade
Bascole
Clarens
Demu
Lamardens
Le houga
BAS ARMAGNAC
BASIN DE L'ADOUR
Lannepax
Jegun
Mauvezin
Cologne
Nogaro
Vic-Fezensac
Marguet
Castillon
Belmont
Antras
St Christie
Embaillon
AUCH NORD
AIRE
Barcelonne
St Germe
Aignan
Lupine
le Brouil
St Jean Poutge
Cazaux Laroque
Eumare
TOULOUSE
Riscle
Thermes
AUCH
Clarefontaine
Auch
Aubiet
Mazeres
Nuz
Lanaçan
Lussan
Gimont
l'Isle-en-Jourdain
VINS ROUGES TRÈS COLORÉS
Aurensan
Verlus
Cannet
Gour
Plaisance
Gazax
Barran
Labarrere
Pavie
Auterrive
Castelnau
Saramon
Vins blancs de Verlus
Viella
Vins de Madiran
Bses PYRÉNÉES
Jourdun
Montesquiou
Vienan
Miramont
Artigues Idrac Respailles
LOMBEZ
Marciac
les Cazeres
Castelnau
MIRANDE
Loubersan
St Medard
Sessan
Samatan
Maubourguet
St Maur
Tillac
Clermont
Moncassin
Simorre
Masseube
Serian
Rabastens
Ville-Comtal
Bonas
Mielan
Vic-en-Bigorre
Leignan
Trie
HAUTES-PYRÉNÉES
HAUTE GARONNE
TARBES
Lannemezan

LEGENDE
Chef-lieu de département
Chef-lieu de canton
Limite de département
Limite de canton
Chemins de fer exécutés
Chemins de fer en construction, en projets ou à l'étude
Baise canalisée de St Jean Poutge à la Garonne

Gravé par Avril frères et Wuhrer, 52, r. Gay-Lussac.
Paris. Imp. Becquet

TABLE DES MATIÈRES.

FIN DE LA TABLE.

Typographie Lahure, rue de Fleurus, 9, à Paris.